普通高等院校"十四五"计算机基础系列教材

计算机导论与程序设计

（Python语言版）

李步升　胡子慧◎主　编

贾建华　何福保　赵　妍　陈　虹◎副主编

中国铁道出版社有限公司
CHINA RAILWAY PUBLISHING HOUSE CO., LTD.

内 容 简 介

本书针对普通高等院校计算机基础类课程，将计算机基础和Python语言程序设计的内容合二为一，通过计算机基础部分学习获得计算机基础应用的能力，而通过Python 语言的学习则可以获得通过编程实现问题求解的能力。全书共分12章，包含计算机基础知识、操作系统、初识Python、Python的基础语法、Python的控制结构、函数和代码复用、组合数据类型、字符串、面向对象、文件和文件夹、Python 操作数据库、Python 计算生态等内容。第1~2 章是计算机基础内容，第3~10 章是Python 语言基本知识，第11~12 章是Python语言的提高应用部分。

本书结构合理、实用性强，适合作为普通高等院校理工科专业大学计算机基础类课程教材，也可以作为计算机爱好者的参考用书。

图书在版编目（CIP）数据

计算机导论与程序设计：Python语言版/李步升，胡子慧主编. —北京：
中国铁道出版社有限公司，2023.9
普通高等院校"十四五"计算机基础系列教材
ISBN 978-7-113-30482-9

Ⅰ.①计… Ⅱ.①李… ②胡… Ⅲ.①电子计算机–理论–高等学校–教材
②程序设计–高等学校–教材 Ⅳ.①TP3

中国国家版本馆CIP数据核字（2023）第154928号

书　　名：计算机导论与程序设计（Python 语言版）
作　　者：李步升　胡子慧

策　　划：曹莉群　　　　　　　　　　　　　　编辑部电话：（010）63549501
责任编辑：贾　星　王占清
封面设计：尚明龙
责任校对：苗　丹
责任印制：樊启鹏

出版发行：中国铁道出版社有限公司（100054，北京市西城区右安门西街 8 号）
网　　址：http://www.tdpress.com/51eds/
印　　刷：河北宝昌佳彩印刷有限公司
版　　次：2023 年 9 月第 1 版　2023 年 9 月第 1 次印刷
开　　本：787 mm×1 092 mm　1/16　印张：13.5　字数：336 千
书　　号：ISBN 978-7-113-30482-9
定　　价：38.00 元

前　言

党的二十大报告指出，"教育、科技、人才是全面建设社会主义现代化国家的基础性、战略性支撑"，同时对教育提出了更高的要求。随着计算机技术的飞速发展，原有的大学计算机基础类课程的教学方式和教学内容显得过于陈旧，特别是随着计算思维概念的不断发展和运用，计算机基础教育改革被越来越多的计算机教育者所关注和研究。大学计算机基础类课程主要包括"计算机基础"和"计算机程序设计"两大类，因此，在传统的计算机基础教材中，《计算机基础》和《计算机程序设计》是分开编写的。《计算机基础》大部分只讲述一些最基础的应用，内容广而杂，部分教材涉及计算思维，但也只是一些肤浅的计算思维，并没有深入到计算思维能力的重要内容。在"计算机基础"和"计算机程序设计"课程独立教学的模式下，理解计算问题、设计问题求解方法和解决问题的实现方法被分割开，成为计算思维全过程培养的一个巨大的障碍。

在大学计算机教育过程中，虽然有部分基础薄弱的学生反映计算机基础知识面广，无法理解相关的概念，但是大部分学生觉得学习内容太简单，课堂中没有学到多少新的知识，学习积极性不高，也没有培养创新的能力。"计算机程序设计"课程则表现为内容比较难，学习效果不明显，而且与计算机综合能力的培养关系不够密切。因此，从高校本科计算机教育教学的实际需求出发，以全过程培养学生计算思维能力为目的，景德镇陶瓷大学信息工程学院的教师结合多年教学和项目开发实践经验，精简计算机基础知识，选取简单易学的 Python 语言作为程序设计语言，编写了本书，希望能够为高校理工科学生提供一本理论和实践兼备的计算思维能力培养的教材。

本书内容包含计算机基础知识和程序设计两部分。计算机基础知识的学习能够使学生理解和掌握计算机的基本概念、编码方式、常用操作等，简化办公自动化、多媒体技术、网络安全等内容。程序设计的学习能够使学生初步了解计算机的学科体系，培养抽象和建模的基本思想和方法，基本掌握自顶向下逐步分解的程序设计思想和方法，掌握一门程序设计语言，培养良好的程序书写风格，掌握基本的上机操作，学会书写简单的软件代码。在学习任何编程语言时，都一定要多思考、多分析、多动手实践。计算思维的培养首先是分析问题，设计求解问题的算法，然后通过程序设计语言去实现，最终解决问题。

本书的特色如下：

（1）体现创新的人才培养模式。党的二十大报告中提出"创新是第一动力"，本书是配套我校理工科专业培养方案实施的一本重要教材，也是人才培养模式创新的具体实现。我校理工科专业在制定人才培养方案时，将计算机基础和程序设计设置为一门课程，减少了计算机基础部分的学时，但强化了对计算思维能力的培养。

（2）知识框架合理。本书没有简单地将两本教材合二为一，而是在计算机基础部分简化关于办公自动化、多媒体技术、网络安全等与程序设计关联度不高的内容，从计算思维学习中自然过渡到程序设计，程序设计内容贯穿计算思维，体现二者之间的联系。程序设计部分的内容考虑理工科专业教学需求，内容深入翔实。本书合理设计知识框架结构，使学生全面了解计算机技术和应用的同时，培养学生形成计算思维，并借助计算思维应用 Python 编程语言实现程序设计。

（3）案例丰富实用，代码注释全面。本书编者均有着丰富的计算机基础和计算机程序设计一线教学经验，并编写过大量的应用程序，在教材中糅合了多年积累的教学案例。

本书共分为 12 章，各章主要内容如下：

第 1 章介绍计算机发展历史、计算机的特点与分类以及发展趋势，计算机科学领域的前沿技术以及计算机系统的组成。

第 2 章介绍操作系统的概念及其功能、操作系统的主要任务，以及 Windows 的基本操作和常用的系统工具。

第 3 章对 Python 进行简单介绍，讲解如何在 Windows 操作系统中下载和安装 Python 及开发环境 PyCharm，详细说明了 Python 程序的不同运行方式以及 Python 的语法基础和编程规范。

第 4 章介绍 Python 基本数据类型的定义及常用操作、运算符的使用方法和优先级。

第 5 章介绍程序的基本结构、程序流程图及程序的三种控制结构，最后对程序的常见错误和异常处理进行了介绍。

第 6 章介绍函数的基本使用，包括函数的参数传递过程以及递归、高阶函数、lambda 函数、装饰器的高阶应用。

第 7 章介绍序列、元组、集合、字典等组合数据类型的创建与使用及其常用方法和函数，以及组合数据类型的高级应用。

第 8 章介绍字符串创建、字符串比较等常用字符串操作方法以及占位符和 format() 方法的使用。

第 9 章介绍类与对象，具体包括类的属性、方法的定义和使用；成员方法，对常用内置方法进行了重点介绍；封装、继承和多态这三大面向对象的特征。

第 10 章介绍文件的使用、分类、基本操作方法、数据格式化和处理方法以及通过 OS 模块进行目录相关操作的方法。

第 11 章介绍数据库的相关基本概念和 Python 数据库访问模块。通过简单实例介绍了操作 MySQL 数据库的基本步骤及其常见对象和方法，并结合较为详细的实例讲解了 Python 通过 sqlite3 模块操作 SQlite 数据库的过程。

第 12 章对常用的 Python 标准库和 Python 第三方库进行了简单的罗列介绍，以期能让读者深入体会并了解强大的 Python 计算生态。

本书由景德镇陶瓷大学信息工程学院的教师编写，李步升、胡子慧任主编，贾建华、何福保、赵妍和陈虹任副主编。具体编写分工如下：陈虹编写第 1~2 章；胡子慧编写第 3~5 章；赵妍编写第 6~8 章；李步升编写第 9 章；贾建华编写第 10 章；何福保编写第 11~12 章；李步升负责全书的统稿和定稿。研究生李思琪和谷晓梅参与了本书的校订工作。本书在编写过程中，借鉴了很多 Python 语言方面的网络资源和书籍，在此向相关作者一并致谢。

由于编者水平有限，书中难免有疏漏之处，恳请各位读者和专家批评指正。

编　者

2023 年 7 月于景德镇

目　录

第1章　计算机基础知识 **1**

1.1　计算机概述 1

　　1.1.1　计算机发展简史 1

　　1.1.2　计算机的特点 3

　　1.1.3　计算机的分类 4

　　1.1.4　计算机的应用 4

　　1.1.5　计算机前沿技术 5

1.2　计算机中信息的表示及编码 10

　　1.2.1　进制及进制转换 10

　　1.2.2　计算机中逻辑运算的实现 13

　　1.2.3　计算机的信息单位 14

　　1.2.4　计算机中信息的表示与编码 .. 15

1.3　计算机系统 18

　　1.3.1　计算机系统的基本组成 18

　　1.3.2　计算机系统的工作原理 19

　　1.3.3　计算机硬件系统 21

　　1.3.4　计算机软件系统 30

小　结 31

习　题 31

第2章　操作系统 **32**

2.1　操作系统概述 32

　　2.1.1　操作系统的概念 32

　　2.1.2　操作系统的功能 32

　　2.1.3　常见操作系统类型和常用操作

　　　　　系统 34

2.2　Windows 10 操作系统概述 36

　　2.2.1　Windows 10 的基本操作 36

　　2.2.2　Windows 10 的资源管理 41

　　2.2.3　Windows 10 的程序管理 44

　　2.2.4　Windows 10 的系统管理 47

小　结 49

习　题 50

第3章　初识 Python **51**

3.1　遇见 Python 51

3.2　选择 Python 51

3.3　安装 Python 52

　　3.3.1　在 Windows 下安装 Python 52

　　3.3.2　安装 Python 的集成开发环境

　　　　　（PyCharm） 55

　　3.3.3　编写简单的程序 58

3.4　问题求解的思维 65

　　3.4.1　计算思维之问题求解 65

　　3.4.2　程序的设计 66

　　3.4.3　程序的 Python 实现 66

3.5　Python 编程规范 68

　　3.5.1　程序结构和编程规范 68

　　3.5.2　换行和注释 69

　　3.5.3　变量命名与保留字 72

　　3.5.4　赋值语句 74

　　3.5.5　输入函数 input() 75

3.5.6 输出函数 print() 76

小　结 77

习　题 77

第4章　Python的基础语法 78

4.1　Python 常用内置对象 78

4.1.1 数字类型 79

4.1.2 字符串类型 82

4.1.3 列表 89

4.1.4 元组 91

4.1.5 字典 91

4.1.6 集合 92

4.2　Python 运算符与表达式 94

4.2.1 占位运算符 94

4.2.2 算术运算符 96

4.2.3 赋值运算符 97

4.2.4 比较运算符 97

4.2.5 逻辑运算符 98

4.2.6 位运算符 98

4.2.7 身份运算符 99

4.2.8 成员运算符 100

4.2.9 序列运算符 100

4.2.10 运算符优先级 100

4.3　Python 常用内置函数 101

小　结 103

习　题 103

第5章　Python的控制结构 104

5.1　程序的基本结构 104

5.1.1 程序流程图 104

5.1.2 程序控制结构 105

5.2　程序的选择结构 105

5.2.1 if 语句 106

5.2.2 if...else 语句 106

5.2.3 if...elif 语句 107

5.2.4 if 语句嵌套 109

5.3　程序的循环结构 110

5.3.1 while 循环 110

5.3.2 for 循环 111

5.3.3 break 语句 112

5.3.4 continue 语句 112

5.3.5 else 语句 113

5.4　程序的常见错误和异常处理 113

5.4.1 常见错误 113

5.4.2 异常处理 115

小　结 117

习　题 118

第6章　函数和代码复用 120

6.1　函数的基本使用 120

6.1.1 函数定义 120

6.1.2 函数调用 121

6.2　函数的参数传递 121

6.2.1 位置参数 121

6.2.2 关键字参数 121

6.2.3 默认值参数 122

6.2.4 可变长度参数 122

6.2.5 函数的返回值 123

6.2.6 变量的作用域 124

6.3　代码复用和模块化设计 126

6.3.1 递归 126

6.3.2 高阶函数 126

6.3.3 lambda 函数 127

6.3.4 装饰器 127

小　结 128

习　题 129

第7章　组合数据类型 130

7.1　列表 130

7.1.1　创建与访问列表 130

7.1.2　拼接列表 131

7.1.3　访问列表元素 131

7.1.4　列表常用内置函数 132

7.2　元组 132

7.2.1　创建与访问元组 132

7.2.2　元组与列表的异同 133

7.3　集合 133

7.3.1　创建与访问集合 133

7.3.2　集合操作与运算 134

7.4　字典 135

7.4.1　创建与访问字典 135

7.4.2　操纵字典元素 135

7.5　高级应用 136

7.5.1　切片 136

7.5.2　列表生成表达式 137

7.5.3　生成器与迭代器 138

7.5.4　浅拷贝与深拷贝 139

小　结 140

习　题 140

第8章　字符串 142

8.1　常用操作 142

8.1.1　字符串创建 142

8.1.2　字符串基本操作 143

8.1.3　内置字符串操作函数 143

8.1.4　内置字符串操作方法 143

8.2　格式化方法 144

8.2.1　使用占位符格式化 144

8.2.2　使用 format() 方法格式化 145

小　结 145

习　题 145

第9章　面向对象 147

9.1　类与对象 147

9.1.1　类的定义和使用 147

9.1.2　类的属性定义及其访问 149

9.1.3　类中普通方法定义及调用 149

9.2　成员方法 150

9.3　面向对象的三大特征 152

9.3.1　封装 152

9.3.2　继承 155

9.3.3　多态 157

小　结 158

习　题 158

第10章　文件和文件夹 159

10.1　文件概述 159

10.2　文件的使用 160

10.2.1　打开文件 160

10.2.2　读取文件 161

10.2.3　写入文件 162

10.2.4　关闭和刷新文件 162

10.2.5　其他操作 163

10.3　数据的格式化和处理 165

10.3.1　一维数据 165

10.3.2　二维数据 166

10.3.3　多维数据和高维数据 168

10.4　目录操作 169

10.4.1　Python os 模块 169

10.4.2　目录的使用 169

10.4.3　其他操作 170

小　结 172

习　题 172

第11章　Python操作数据库 174

11.1　数据库基础简介及 Python 数据
库访问模块 174

11.1.1　数据库基础简介 174

11.1.2　Python 数据库访问模块 176

11.2　Python 操作内置的 SQLite 关系型
数据库 177

11.2.1　SQLite 数据库和 sqlite3
模块 177

11.2.2　SQLite 数据库连接及
操作 177

11.3　Python 操作 SQL Server 和 MySQL
数据库 178

11.3.1　Python 操作 SQL Server 数
据库 178

11.3.2　Python 操作 MySQL

数据库 181

11.4　Python 操作 SQLite 数据库
实例 183

小　结 186

习　题 186

第12章　Python计算生态 187

12.1　Python 标准库简介 187

12.2　Python 第三方库之科学计算、
数据分析与处理及数据可视化... 194

12.2.1　科学计算、数据分析与处理
第三方库简介 194

12.2.2　数据可视化第三方库简介.. 195

12.2.3　NumPy、Pandas 和 Matplotlib
简单实例 196

12.3　其他第三方库简介 203

小　结 205

习　题 206

参考文献 206

第 1 章

计算机基础知识

计算机基础知识是大学生必备的基本计算机文化知识和素养，本章主要介绍计算机的基本概念、计算机发展史、计算机的特点、计算机的分类和应用、信息表示方式、计算机的信息单位、计算机工作原理。计算机组成中的运算器、控制器、存储器、输入和输出五大部件的特性以及功能等基础知识，是学习计算机知识和应用计算机处理实际问题的基本理论基础。

1.1　计算机概述

计算机（俗称电脑）自 1946 年诞生以来，就立即成为先进生产力的代表，掀起自工业革命以来的又一场新的科学技术革命，为人们创造了更多的物质财富，让人的大脑延伸，使人的潜力得到更大的发展。计算机产生的初衷是人们想发明一种能代替人类对大量复杂数据科学进行计算的机器，因此称之为计算机。计算机日益向智能化方向发展，是现代一种用于高速计算的电子计算机器，可以进行数值计算，也可以进行逻辑计算，还具有存储记忆功能。计算机是能够按照程序运行，自动、高速处理海量数据的现代化智能电子设备。现今社会，计算机的应用已经深入社会的各个领域，帮助人们完成各种工作，极大地提高了人们的工作效率。

计算机可以定义为一种能够按照事先存储的程序，自动、高速地进行大量数值计算和各种信息处理的现代化智能电子设备。

1.1.1　计算机发展简史

1. 电子计算机的诞生

电子计算机是指利用电子技术代替机械或机电技术的计算机，现代计算机经历了 80 多年的发展，其中最重要的代表人物有英国科学家艾伦·麦席森·图灵（Alan Mathison Turing）和美籍匈牙利科学家约翰·冯·诺依曼（John von Neumann），图灵是计算机理论的创始人，约翰·冯·诺依曼是计算机工程技术的先驱人物。1966 年美国计算机协会（ACM）设立了"图灵奖"，奖励那些对计算机事业做出重要贡献的个人；1990 年电子电气工程师学会（IEEE）设立了"冯·诺依曼奖"，目的是表彰在计算机科学和技术上具有杰出成就的科学家。

随着电子技术的发展，在 20 世纪 40 年代电磁式计算机研制成功并投入运行之后，1946 年 2 月 15 日，世界上第一台电子数字积分计算机在美国宾夕法尼亚大学正式投入运行，该机取名为 ENIAC（Electronic Numerical Integrator and Calculator，电子数字积分计算机），如

图 1.1 所示。这台计算机由物理学家约翰·莫奇莱（John W.Mauchly）博士和电气工程师约翰·艾克特（John Presper Eckert）博士与美国陆军军械部阿伯丁弹道研究实验室合作开发。

图 1.1　ENIAC

ENIAC 是个庞然大物，其质量为 30 t，占地 170 m^2，使用了 18 800 个电子管、70 000 个电阻、10 000 支电容，功率约 150 kW，运算速度 5 000 次 /s。用它完成一条弹道的计算只需几分钟，而当时即使一个熟练的计算员，使用手摇计算器计算一条弹道也要花 20 h，不过该计算机不具备"存储程序"的功能。

冯·诺依曼于 1945 年提出了存储程序原理，将程序和该程序处理的数据用同样的方式存储起来，计算机采用二进制方式处理数据，其本质是把程序当作数据来对待。冯·诺依曼原理基本确立了计算机的五大组成部分和基本工作原理，其设计思想被誉为计算机发展史上的里程碑，标志着计算机时代的真正开始，冯·诺依曼被尊称为"计算机之父"。虽然计算机技术发展很快，但"存储程序原理"至今仍然是计算机内在的基本工作原理。

ENIAC 的诞生是 20 世纪人类最伟大的发明之一，它宣告了一个新时代的开始，同时标志着计算机的发展开始进入电子计算机的发展时期，是科技史上新的里程碑，从此科学计算的大门也被打开了。

2. 计算机的发展

计算机的发展依赖于其组成的电子元件的发展，计算机发展的历史本质上就是电子元件发展的历史。

（1）第一代电子管计算机（1946—1957 年）

第一代计算机的特点是操作指令是为特定任务而编制的，每种机器有各自不同的机器语言，功能受限、速度慢；另一个明显特征是使用真空电子管和磁鼓存储数据，外存储器采用穿孔纸带、卡片。

（2）第二代晶体管计算机（1958—1964 年）

1948 年，晶体管的发明大大促进了计算机的发展。1956 年，晶体管成功在大型计算机中使用，代替了体积庞大、发热量大、寿命较短的电子管，使计算机的体积大大减小。晶体管和磁芯存储器促成了第二代计算机的产生。1960 年，出现了一些成功地用在商业领域、大学和政府部门的第二代计算机。

第二代计算机用晶体管代替电子管，用磁带、磁盘代替了磁鼓、穿孔纸带、卡片等，使计算机存储容量、读写速度、稳定性等得到巨大提高，计算速度可达每秒上百万条指令。

在这一时期出现了更高级的 COBOL（common business-oriented language）和 FORTRAN（formula translator）等语言，以单词、词语和数学公式代替了二进制机器码，使计算机编程更容易，同时出现了操作系统（operating system, OS）的雏形——监控程序。新的职业，如程序员、分析员和计算机系统专家及整个软件产业由此诞生。

（3）第三代集成电路计算机 (1965—1970 年)

1958 年发明了集成电路（integrated circuit, IC），它是经过氧化、光刻、扩散、外延、蒸铝等半导体制造工艺，把构成具有一定功能的电路所需的半导体、电阻、电容等元件及它们之间的连接导线全部集成在一小块硅片上，然后焊接封装在一个管壳内的电子器件。于是，计算机变得更小、功耗更低、速度更快，计算速度可达每秒几千万条指令。这一时期的发展还包括使用了操作系统，使得计算机在中心程序的控制协调下同时运行许多不同的程序。

（4）第四代超大规模集成电路计算机（1971 年至今）

随着集成规模的不断扩大，大规模集成电路（LSI）可以在一个芯片上容纳几百个元件。到了 20 世纪 80 年代，超大规模集成电路（VLSI）在芯片上容纳了几十万个元件，后来的 ULSI 将数字扩充到百万级。可以在一个小芯片上容纳众多的元件，使得计算机的体积和价格不断下降，而功能和可靠性不断增强。20 世纪 70 年代中期，计算机制造商开始将计算机带给普通消费者，掀起了工业化流水线制造计算机的新时代。第四代采用超大规模集成电路生产的计算机，计算速度得到不断地提高，单处理器的运行速度达到每秒数亿次。存储设备采用磁盘、光盘和半导体存储器。该时期的计算机系统采用并行处理技术，分布式系统和网络连接技术。今天的计算机发展热点是网络技术结合多媒体技术。计算机系统向着网络化、智能化发展，计算机硬件向着巨型化、微型化方向发展。

1.1.2　计算机的特点

计算机的特点包括：自动化程度高、运算速度快、计算精度高、存储容量大、逻辑运算能力强、可靠性高等。

1. 自动化程度高

计算机能在程序控制下自动连续地高速运算。由于采用存储程序控制的方式，因此只要输入编写好的程序，启动计算机后，它就能自动地执行下去直至完成任务。这是计算机最突出的特点。

2. 运算速度快

计算机能以极快的速度进行计算。现在普通的微型计算机每秒可执行几十万条指令，而巨型机则达到每秒几十亿次甚至几千亿次。

3. 计算精度高

电子计算机具有以往计算机无法比拟的计算精度，目前已达到小数点后上亿位的精度。

4. 逻辑运算能力强

人是有思维能力的，而思维能力本质上是一种逻辑判断能力。计算机借助于逻辑运算，可以进行逻辑判断，并根据判断结果自动地确定下一步该做什么。计算机的存储系统由内存和外存组成，具有存储和"记忆"大量信息的能力，现代计算机的内存容量已达到上千兆字节甚至更高，而外存更是容量惊人。如今的计算机利用逻辑判断能力，可以使用其进行诸如资料分类、情报检索等具有逻辑加工性质的工作。

5. 可靠性高

随着微电子技术和计算机技术的发展，现代电子计算机连续无故障运行时间可达几十万小时以上，具有极高的可靠性。例如，安装在宇宙飞船上的计算机可以连续几年可靠地运行。微型计算机除了具有上述特点外，还具有体积小、重量轻、耗电少、维护方便、易操作、功能强、使用灵活、价格便宜等特点。计算机还能代替人做许多复杂繁重的工作。

1.1.3　计算机的分类

从计算机的类型、工作方式、构成器件、操作原理、应用环境等方面划分，计算机有多种分类。综合起来说，计算机的分类如下。

1. 按照性能指标分类

①巨型计算机：高速度、容量大。

②大型计算机：速度快、应用于军事技术科研领域。

③中小型计算机：结构简单、造价低、性能价格比突出。

④工作站：速度快，具有多任务、多用户能力。

⑤微型计算机：体积小、重量轻、价格低。

⑥网络计算机：用于管理数据在网络上的存储和共享。

2. 按照用途分类

①专用计算机：针对性强、特定服务、专门设计。

②通用计算机：科学计算、数据处理、过程控制解决各类问题。

3. 按照原理分类

①数字计算机：用数字信号作为运算量，速度快、精度高、自动化、通用性强。

②模拟计算机：用模拟量作为运算量，速度快、精度差。

③混合计算机：集中前两者优点、避开其缺点，处于发展阶段。

1.1.4　计算机的应用

如今，计算机的应用已经渗透到人类生活的各个方面，影响着每一个普通家庭，它改变了人们的生活、工作和学习方式，推动了社会的发展。人类社会经过农业社会和工业社会后，当前已经进入了信息社会。

在信息社会，虽然农业和工业仍然重要，但信息技术已经成为人们工作的主要工具。工业社会所形成的各种生产设备将会被信息技术所改造，成为一种智能化的设备，信息社会的农业生产和工业生产将建立在基于信息技术的智能化设备的基础之上。同样，社会服务也会在不同程度上建立在智能设备之上，电信、银行、物流、电视、医疗、商业、保险等服务将依赖于信息设备。由于信息技术的广泛应用、智能化设备的广泛普及，社会的产业结构、就业结构将会发生变化，社会的主体劳动者是从事信息工作的知识工人。掌握信息技术，利用信息技术获取和应用信息的能力已成为当今社会对人才素质的最基本需求。

经过几十年的发展，计算机已经成为一门复杂的工程技术学科，它的应用从国防、科学计算，到家庭办公、教育娱乐，无所不在。

计算机的主要应用领域总结如下。

1. 科学计算

目前，科学计算仍然是计算机应用的一个重要领域。例如高能物理、工程设计、地震预测、气象预报、航天技术等。由于计算机具有高运算速度、精度以及逻辑判断能力，因此出现了计算力学、计算物理、计算化学、生物控制论等新的学科。

2. 过程控制与监测

利用计算机对工业生产过程中的某些信号进行自动检测，并把检测的数据存入计算机，再根据需要对这些数据进行处理，这样的系统称为计算机检测系统。工业生产过程综合自动化、工艺过程最优控制、武器控制、通信控制、交通信号控制、卫星变轨等。

3. 信息管理

信息管理是目前计算机应用最广泛的一个领域，利用计算机来加工、管理与操作任何形式的数据资料。例如，企业管理、物资管理、报表统计、账目、信息情报检索、银行数据库等。

4. 计算机辅助系统

用计算机辅助进行工程设计、产品制造、性能测试，组成计算机辅助设计、制造、测试（CAD/CAM/CAT）系统。

5. 模式识别

应用计算机对一组事件或过程进行鉴别和分类，可以是文字、声音、图像等具体对象，也可以是状态、程度等抽象对象。

6. 人工智能

开发一些具有人类某些智能的应用系统，例如，计算机推理、智能学习系统、专家系统、医疗远程诊断系统、语言翻译系统、机器人等。

7. 教育与娱乐

随着计算机的发展和应用领域的不断扩大，计算机对社会的影响已经上升到文化层次，计算机作为现代教学手段在教育领域中应用越来越广泛、深入，主要体现在计算机辅助教学（computer assisted instruction, CAI）、计算机模拟（computer simulation, CS）、多媒体教学、虚拟现实技术、网上教学等。

除以上的应用外，计算机的应用已经深入人们生活的各领域，例如，家庭管理与娱乐、电子商务、电子政务等。现今社会如果离开了计算机和网络，人们的生活和工作方式将很难想象。

1.1.5　计算机前沿技术

随着计算机与技术的不断更新，计算机前沿技术也在不断涌现。从第一台计算机的出现到现在，计算机技术已经发生了翻天覆地的变化。计算机前沿技术作为计算机技术的最新成果，正在应用于各个领域，其发展日新月异，让人们的生活变得更加便捷、高效。目前常用的主要新技术有物联网、云计算和人工智能等。

1. 物联网

物联网，顾名思义就是连接物品的网络，其概念早在 20 世纪末就已提出。1999 年，美国麻省理工学院建立了"自动识别中心（Auto-ID）"，提出"万物皆可通过网络互联"，阐述了物联网的基本含义。早期的物联网是依托射频识别（radio frequency identification, RFID）技术的物流网络，随着技术和应用的发展，物联网的内涵已经发生了较大变化。

国际电信联盟（International Telecommunication Union, ITU）对物联网定义是：通过二维码识读设备、射频识别装置、红外感应器、全球定位系统和激光扫描器等信息传感设备，按约定的协议，把任何物品与互联网相连接，进行信息交换和通信，以实现智能化识别、定位、跟踪、监控和管理的一种网络。

简单地说，物联网就是解决物品与物品（thing to thing, T2T）、人与物品（human to thing, H2T）、人与人（human to human, H2H）之间的互联。但是与传统互联网不同的是：H2T 是指人利用通用装置与物品之间的连接，从而使得物品连接更加简化；H2H 是指人之间不依赖于PC 而进行的互联；物联网希望做到的则是 T2T，即物品能够彼此进行"交流"，而无须人的"干预"。因为互联网并没有考虑到对于任何物品连接的问题，故我们使用物联网来解决这个传统意义上的问题。

那么，如何理解物联网与实际物品之间的交流呢？下面来举一些例子进行说明。

例如，有一天，在衣橱里的每件衣服上，都能有一个电子标签，当拿出一件上衣时，就能显示这件衣服搭配什么颜色的裤子，在什么季节、什么天气穿比较合适；又如，给放养的每一只羊都分配一个二维码，这个二维码会一直保持到超市出售的每一块羊肉上，消费者通过手机阅读二维码，就可以知道羊的成长历史，确保食品安全；再如，在电梯上装上传感器，当电梯发生故障时，无须乘客报警，电梯管理部门会借助网络在第一时间得到信息，以最快的速度去现场处理故障。

物联网根据其实际的用途可以概括为以下三种基本应用模式。

（1）对象的智能标识

通过条形码、二维码、RFID 等技术标识特定的对象，用于区分对象个体。例如，前面所提及的衣服上的电子标签、羊身上的二维码等。这些标签、条码等的基本用途就是用来获得对象的识别信息及其所包含的扩展信息。

（2）环境监控和对象跟踪

利用多种类型的传感器和分布广泛的传感器网络，可以实现对某个对象的实时状态的获取和特定对象行为的监控。例如，前面所提及的在电梯上安装传感器就属于这类应用；又如，使用分布在市区的各个噪声探头监测噪声污染，通过二氧化碳传感器监控大气中二氧化碳的浓度，通过 GPS 标签跟踪车辆位置，通过交通路口的摄像头捕捉实时交通流量等。

（3）对象的智能控制

物联网基于云计算平台和智能网络，可以依据传感器网络中获取的数据进行决策，改变对象的行为进行控制和反馈。例如，根据光线的强弱调整路灯的亮度，根据车辆的流量自动调整红绿灯间隔等。

当然，要实现物联网中物品的交换，对"物"的含义是很严格的。这里的"物"，必须满足以下条件，才能真正实现在物联网中被相互交换。

①要有数据传输通路。

②要有一定的存储功能。

③要有 CPU。

④要有操作系统。

⑤要有专门的应用程序。

⑥遵循物联网的通信协议。

⑦在世界网络中有可被识别的唯一编号。

2. 云计算

云计算（cloud computing）的概念是由 Google 首先提出的。云计算作为一种网络应用模式，由一系列可以动态升级和被虚拟化的资源组成，这些资源被所有云计算的用户共享并且可以方便地通过网络访问，用户无须掌握云计算的技术，只需要按照个人或者团体的需要租赁云计算的资源即可。

（1）云计算的定义

云计算是基于互联网的相关服务的增加、使用和交付模式，通常涉及通过互联网来提供动态易扩展且经常是虚拟化的资源。美国国家标准与技术研究院（NIST）对云计算定义如下：

云计算是一种按使用量付费的模式，这种模式提供可用的、便捷的、按需的网络访问，进入可配置的计算资源共享池（资源包括网络、服务器、存储、应用软件、服务），这些资源能够被快速提供，只需投入很少的管理工作，或与服务供应商进行很少的交互。

云计算是分布式计算、并行计算、效用计算、网络存储、虚拟化、负载均衡、热备份冗余等传统计算机和网络技术发展融合的产物。

云计算的出现降低了用户对客户端的依赖，将所有的操作都转移到互联网上来。以前为了完成某项特定的任务，往往需要某个特定的软件公司开发的客户端软件，在本地计算机上来完成，但是这种模式最大的弊端是信息共享非常不方便。例如，一个工作小组需要几个人共同起草一份文件，传统模式是每个小组成员单独在自己的计算机上处理信息，然后再将每个人的分散文件通过邮件或者 U 盘等形式和同事进行信息共享，如果小组中的某位成员要修改某些内容，需要这样反复地和其他几位同事共享信息和商量问题，这种方式效率很低。

云计算的思路则截然不同。云计算把所有的任务都搬到了互联网上，小组中的每个人只需要一个浏览器就能访问到那份共同起草的文件，这样，如果 A 做出了某个修改，B 只需要刷新一下页面，马上就能看到 A 修改后的文件。如此一来，信息的共享相对于传统的客户端就显得非常便捷。

这些文件都是统一存放在服务器上，而成千上万的服务器会形成一个服务器集群，也就是大型数据中心。这些数据中心之间采用高速光纤网络连接。这样全世界的计算机就如同天上飘着的一朵朵云，它们之间通过互联网连接。有了云计算，就可以把很多数据都存放到云端，把很多服务转移到互联网上，只要有网络连接，就能够随时随地地访问信息、处理信息和共享信息，而不再是做任何事情都仅仅局限在本地计算机上，不再是离开了本地计算机就不能处理任何信息的模式。

（2）云计算的特点

云计算是通过使计算分布在大量的分布式计算机上，而非本地计算机或远程服务器。企业数据中心的运行将与互联网更相似，这使得企业能够将资源切换到需要的应用上，根据需求访问计算机和存储系统。它意味着计算能力也可以作为一种商品进行流通，就像煤气、水电一样，取用方便，费用低廉。最大的不同在于，它是通过互联网进行传输的。

云计算特点如下：超大规模、虚拟化、高可靠性、通用性、高可扩展性、按需服务、极其便宜，然而也存在一定的、潜在的危险性。

3. 人工智能

人工智能是计算机科学的一个分支，它试图了解智能的实质，并生产出一种新的能以人类智能相似的方式做出反应的智能机器。该领域的研究包括机器人、语音识别、图像识别、自然语言处理和专家系统等。人工智能也从 1.0 过渡到了 2.0 阶段。

（1）什么是人工智能

人工智能（artificial intelligence, AI）是研究、开发用于模拟、延伸和扩展人的智能的理论、方法、技术及应用系统的一门新的技术科学。它从诞生以来，理论和技术日益成熟，应用领域也不断扩大，可以设想，未来人工智能带来的科技产品，将会是人类智慧的"容器"。人工智能可以对人的意识、思维的信息过程进行模拟。人工智能不是人的智能，但能像人那样思考，也可能超过人的智能。

总的说来，人工智能的目的就是让计算机能够像人一样思考。如果希望做出一台能够思考的机器，就必须知道什么是思考，更进一步讲就是什么是智慧。什么样的机器才是智慧的呢？科学家已经制作出了汽车、火车、飞机、收音机等，它们能模仿人们身体器官的功能，但是能不能模仿人类大脑的功能呢？到目前为止，我们也仅仅知道人的大脑是由数十亿个神经细胞组成的器官，模仿它极其困难。

（2）人工智能 2.0 的出现

人类对人工智能最基本的假设就是人类的思考过程可以机械化。人工智能 1.0 时代，人工智能主要是通过推理和搜索等简单的规则来处理问题，能够解决一些诸如迷宫、梵塔问题等所谓的"玩具问题"。

人工智能 2.0 是基于重大变化的信息新环境和发展新目标的新一代人工智能。其中，信息新环境是指互联网与移动终端的普及、传感网的渗透、大数据的涌现和网上社区的兴起等。可望升级的新技术有大数据智能、跨媒体智能、自主智能、人机混合增强智能和群体智能等。

人工智能 2.0 经历了以下三个发展阶段。

①知识库系统（数据库）。计算机程序设计的快速发展极大地促进了人工智能领域的突飞猛进。随着计算机符号处理能力的不断提高，知识可以用符号结构表示，推理也简化为符号表达式的处理。这一系列的研究推动了"知识库系统"的建立。但是，其缺陷在于知识描述非常复杂，且需要不断升级。

②机器学习（互联网）。机器学习被定义为"一种能够通过经验自动改进计算机算法的研究"。早期的人工智能以推理、演绎为主要目的，但是随着研究的深入和方向的改变，人们发现人工智能的核心应该是使计算机具有智能，使其学会归纳和综合总结，而不仅仅是演绎出已有的知识。需要能够获取新知识和新技能，并识别现有知识。

简单地说，机器学习相对于知识库系统而言，可以自主更新或升级知识库。机器学习就是在对海量数据进行处理的过程中，自动学习区分方法，以此不断消化新知识。机器学习的核心是数据分类，其分类的方法（或算法）有很多种，如决策树、正则化法、朴素贝叶斯算法、人工神经网络等。

③深度学习（大数据）。度学习这个术语是从 1986 年起开始流行的，但是，当时的深度学习理论还无法解决网络层次加深后带来的诸多问题，计算机的计算能力也远远达不到深度神经网络的需要。更重要的是，深度学习赖以施展威力的大规模海量数据还没有完全准备好。

深度学习的概念源于人工神经网络的研究。含多隐层的多层感知器就是一种深度学习结构。深度学习通过组合底层特征形成更加抽象的高层表示属性类别或特征，用来发现数据的分布式特征表示。

深度学习是机器学习中一种基于对数据进行表征学习的方法。观测值（如一幅图像）可以使用多种方式来表示，如每个像素强度值的向量，或者更抽象地表示成一系列边、特定形状的区域等。而使用某些特定的表示方法更容易从实例中学习任务（如人脸识别或面部表情识别）。深度学习的优点是用非监督式或半监督式的特征学习和分层特征提取高效算法来替代手工获取特征。

深度学习是机器学习研究中的一个新的领域，其动机在于建立、模拟人脑进行分析学习的神经网络，它模仿人脑的机制来解释数据，例如图像、声音和文本。

（3）人工智能 2.0 新目标

人工智能 2.0 是人工智能发展的新形态。它既区别于过去出于某个流派或领域的一系列研究，也不同于现在的针对某种热门技术而延展的改进方向。人工智能 2.0 的目标是结合内外双重驱动力，以求在新形势、新需求下实现人工智能的质的突破。相比于历史上的任何时刻，人工智能 2.0 将以更接近人类智能的形态存在，以提高人类智力活动能力为主要目标。

①智能城市。智能城市是一个系统，也称网络城市、数字化城市、信息城市。不但包括人脑智慧、计算机网络、物理设备这些基本的要素，还会形成新的经济结构、增长方式和社会形态。

智能城市建设是一个系统工程。在智能城市体系中，首先城市管理智能化，由智能城市管理系统辅助管理城市，其次是包括智能交通、智能电力、智能建筑、智能安全等基础设施智能化，也包括智能医疗、智能家庭、智能教育等社会智能化和智能企业、智能银行、智能商店的生产智能化，从而全面提升城市生产、管理、运行的现代化水平。

智能城市是信息经济与知识经济的融合体，信息经济的计算机网络提供了建设智能城市的基础条件，而知识经济的人脑智慧则将人类智慧变为城市发展的动能。智能城市建设是智能经济的先导。

②智能医疗。智能医疗是通过打造健康档案区域医疗信息平台，利用最先进的物联网技术，实现患者与医务人员、医疗机构、医疗设备之间的互动，逐步达到信息化。在不久的将来，医疗行业将融入更多人工智能、传感技术等高科技，使医疗服务走向真正意义的智能化，推动医疗事业的繁荣发展。

③智能家居。智能家居是在互联网影响之下物联化的体现。智能家居通过物联网技术将家中的各种设备（如音视频设备、照明系统、窗帘控制、空调控制、安防系统、数字影院系统、影音服务器、影柜系统、网络家电等）连接到一起，提供家电控制、照明控制、电话远程控制、室内外遥控、防盗报警、环境监测、暖通控制、红外转发以及可编程定时控制等多种功能和手段。与普通家居相比，智能家居不仅具有传统的居住功能，兼备建筑、网络通信、信息家电、设备自动化，提供全方位的信息交互功能，节约各种能源费用。

④智能驾驶。智能驾驶与无人驾驶是不同概念，智能驾驶的范畴更为宽泛。它是指机器帮助人进行驾驶，以及在特殊情况下完全取代人驾驶的技术。

智能驾驶的时代已经来到。比如，很多车有自动制动装置，其技术原理非常简单，就是在汽车前部装上雷达和红外线探头，当探知前方有异物或者行人时，会自动帮助驾驶员制动。

另一种技术与此非常类似，即在路况稳定的高速公路上实现自适应性巡航，也就是与前车保持一定距离，前车加速时本车也加速，前车减速时本车也减速。这种智能驾驶可以在极大程度上减少交通事故。

⑤智能经济。在智能经济时代，将人的智慧转变为计算机软件系统，通过计算机网络下达指令给物理设备，物理设备按照指令完成预定动作。分析表明，智能与智慧是不同的概念，智慧仅仅是存在于人的大脑中的思想和知识，而智能是把人的智慧和知识转化为一种行动能力。智能家庭、智能企业、智能城市、智能国家、智能世界构成智能社会的不同层面，而且包括智能环保、智能建筑、智能交通、智能政府、智能医疗构成智能经济的不同领域。

基于人类智慧和计算机网络的智能经济具有更高的效率。一辆汽车如果加上自动驾驶智能系统后，价格就可能翻一倍甚至两倍之多，这种效率是传统工业无法达到的，因而智能一旦出现将以新的结构和形态取代传统工业，形成"智能经济"革命。

⑥智能制造。智能制造是一种由智能机器和人类专家共同组成的人机一体化智能系统，它在制造过程中能进行智能活动，诸如分析、推理、判断、构思和决策等。通过人与智能机器的合作共事，去扩大、延伸和部分地取代人类专家在制造过程中的脑力劳动。它把制造自动化的概念更新，扩展到柔性化、智能化和高度集成化。毫无疑问，智能化就是制造自动化的发展方向。专家系统技术可以用于工程设计、工艺过程设计、生产调度、故障诊断等，也可以将神经网络和模糊控制技术等先进的计算机智能方法应用于产品配方、生产调度等，实现制造过程智能化。人工智能技术尤其适合于解决特别复杂和不确定的问题。

1.2　计算机中信息的表示及编码

计算机内部均采用二进制，进入数字时代计算机要处理的信息是多种多样的，例如日常的十进制数、文字、符号、图形、图像和语言等。无论在计算机中表示什么类型的信息，在信息进行数字化处理时，都将转换为二进制进行处理。

1.2.1　进制及进制转换

数制即计数的规则，人们使用最多的是进位计数制。进位计数制中表示数的符号在不同的位置上时，所代表的数的值是不同的。在日常生活中，最多接触到十进制，除此之外还有十二进制（如月份）、六十进制（如小时、分）等，而在计算机中却采用二进制，其基本符号是"0"和"1"。计算机还可以使用八进制、十进制和十六进制。

1. 进位计数制

按进位的原则进行的计数方法称为进位计数制。

在采用进位计数的数字系统中，如果用 R 个基本符号（例如，$0,1,2,\cdots,R-1$）表示数值，则称其为基 R 数制（radix-r number system），R 称为该数制的基（radix）。如日常生活中常用的十进制数，就是 $R=10$，即基本符号为 $0,1,2,\cdots,9$。如取 $R=2$，即基本符号为 0 和 1，则为二进制。

对于不同的数制，它们的共同特点如下：

（1）每一种数制都有固定的符号集。如十进制数制，其符号有十个：$0,1,2,\cdots,9$。二进制数制，其符号有两个：0 和 1。

（2）都是用位置表示法。即处于不同位置的数符所代表的值不同，与它所在位置的权值有关。

例如，十进制可表示为：

$5678.123 = 5 \times 10^3 + 6 \times 10^2 + 7 \times 10^1 + 8 \times 10^0 + 1 \times 10^{-1} + 2 \times 10^{-2} + 3 \times 10^{-3}$

可以看出，各种进位计数制中的权值恰好是基数的某次幂。因此，对于任何一种进位计数制表示的数都可以写出按其权展开的多项式之和，任意一个 R 进制数 N 可表示为：

$(N)_R = a_n \times R^n + a_{n-1} \times R^{n-1} + \cdots + a_1 \times R^1 + a_0 \times R^0 + a_{-1} \times R^{-1} + \cdots + a_{-m} \times R^{-m}$

式中的 a_n 为该数制在 $n+1$ 位上的基本数符，a_0 为该数制的整数部分第一位数（最低位），R^n 是位权（权），R 是基数；m 为小数部分的位数。"位权"和"基数"是进位计数制中的两个要素。

在十进位计数制中，是根据"逢十进一"的原则进行计数的。一般地，在基数为 R 的进位计数制中，是根据"逢 R 进一"或"逢基进一"的原则进行计数的。

计算机中常用的几种进位数制见表 1.1，不同进位数制数在计算机中的表示见表 1.2。

表 1.1　计算机中常用进制

进位制	二进制	八进制	十进制	十六进制
规则	逢二进一	逢八进一	逢十进一	逢十六进一
基数 R	2	8	10	16
数符	0,1	0,1,…,7	0,1,…,9	0,1,…,9,A,…,F
形式表示	B(binary system)	O(octal system)	D(decimal system)	H(hexadecimal system)

表 1.2　计算机中常用进制表示

二进制数	十进制数	八进制数	十六进制数
0	0	0	0
1	1	1	1
10	2	2	2
11	3	3	3
100	4	4	4
101	5	5	5
110	6	6	6
111	7	7	7
1000	8	10	8
1001	9	11	9
1010	10	12	A
1011	11	13	B
1100	12	14	C
1101	13	15	D
1110	14	16	E
1111	15	17	F
10000	16	20	10

2. 二进制

在计算机中，广泛采用的是只有"0"和"1"两个基本符号组成的二进制数，而不使用人们习惯的十进制数，原因如下。

（1）二进制数在物理上最容易实现。例如可以只用高、低两个电平表示"1"和"0"，也可以用脉冲的有无或者脉冲的正负极性表示。

（2）二进制数用来表示的二进制数的编码、计数、加减运算规则简单。

（3）二进制数的两个符号"1"和"0"与逻辑命题的两个值"真"和"假"对应，为计算机实现逻辑运算和程序中的逻辑判断提供了便利条件。

3. 不同进制间的转换

（1）十进制数转换为 R 进制数

十进制转换为 R 进制遵循的原则是整数和小数分别转换，结果为 R 进制的对应部分，即小数转换结果还为小数，整数转换后还是整数。

整数转换采用"除基倒取余"数方法，小数转换采用"乘基顺取整"数方法。

【例 1.1】将十进制数 567.75 分别转换为二进制、八进制和十六进制。

依据转换规则和方法，将 567.75 分解为 567 和 0.75 分别进行转换。

① 整数部分转换为二进制、八进制和十六进制。

即 $(567)_D=(1000110111)_B$　　$(567)_D=(1067)_O$　　$(567)_D=(237)_H$

② 小数部分转换为二进制、八进制和十六进制。

$0.75 \times 2=1.50 \dots\dots 1$　　　$0.75 \times 8=6.00 \dots\dots 6$　　　$0.75 \times 16=12.00 \dots\dots 12$

$0.50 \times 2=1.00 \dots\dots 1$

即 $(0.75)_D=(0.11)_B$　　$(0.75)_D=(0.6)_O$　　　　$(0.75)_D=(0.C)_H$

则 567.75 转换为二进制、八进制和十六进制，分别得：

$(567.75)_D=(100011011.11)_B$、$(567.75)_D=(1067.6)_O$、$(567.75)_D=(237.C)_H$

（2）R 进制数转换为十进制数

依据前面介绍的转换通式：$(N)_R=a_n \times R^n+a_{n-1} \times R^{n-1}+\cdots a^1 \times R^1+a^0 \times R^0+a_{-1} \times R^{-1}+\cdots + a_{-m} \times R^{-m}$

例如：

$(100011011.11)_B=1 \times 2^8+1 \times 2^4+1 \times 2^3+1 \times 2^1+1 \times 2^0+1 \times 2^{-1}+1 \times 2^{-2}=(567.75)_D$

$(1067.6)_O=1 \times 8^3+6 \times 8^1+7 \times 8^0+6 \times 8^{-1}=(567.75)_D$

$(237.C)_H=2 \times 16^2+3 \times 16^1+7 \times 16^0+12 \times 16^{-1}=(567.75)_D$

在十进制转换为二进制、八进制和十六进制过程中，整数部分都能全部有效地进行转换，但很多小数在十进制中看起来很简单，如 0.2、0.6、0.8 等，转换成二进制时会出现表达不尽，即出现循环状态，这时可以根据实际需要，保留若干位精度后近似地表达这个数。

（3）二进制与八进制转换

二进制转换为八进制时，从小数点位分开，整数部分从右向左、小数部分从左向右，每 3 位为一组，当整数部分不足 3 位时左边补 0，小数部分不足 3 位时右边补 0，分别转换为 1 位八进制数。

【例 1.2】将 $(10111001010.01011)_B$ 转换为八进制。

$$\underset{2}{010} \quad \underset{7}{111} \quad \underset{1}{001} \quad \underset{2}{010} \quad . \quad \underset{2}{010} \quad \underset{6}{110}$$

$(10111001010.01011)_B=(2712.26)_O$

八进制转换为二进制时，从小数点位分开，1 位为一组，分别转换为 3 位二进制数。

【例 1.3】将（$2356.5664)_O$ 转换为二进制数。

$$\begin{array}{ccccccccc} 2 & 3 & 5 & 6 & . & 5 & 6 & 6 & 4 \\ 010 & 011 & 101 & 110 & & 101 & 110 & 110 & 100 \end{array}$$

$(2356.5664)o=(10011101110.1011101101)_B$

（4）二进制与十六进制转换

二进制转换为十六进制时，从小数点位分开，整数部分从右向左、小数部分从左向右，每 4 位为一组，当整数部分不足 4 位时左边补 0，小数部分不足 4 位时右边补 0，分别转换为 1 位十六进制数。

【例 1.4】将（10111001010.01011）$_B$ 转换为十六进制。

$$\underset{5}{0101} \quad \underset{C}{1100} \quad \underset{A}{1010} \quad . \quad \underset{5}{0101} \quad \underset{8}{1000}$$

$(10111001010.01011)_B=(5CA.58)_H$

十六进制转换为二进制时，从小数点位分开，1 位为一组，分别转换为 4 位十六进制数。

【例 1.5】将（$35AD.6DF)_H$ 转换为二进制。

$$\begin{array}{ccccccc} 3 & 5 & A & D & . & 6 & D & F \\ 0011 & 0101 & 1010 & 1101 & & 0110 & 1101 & 1111 \end{array}$$

$(35AD.6DF)_H= (11010110101101.011011011111)_B$

1.2.2 计算机中逻辑运算的实现

二进制数"1"和"0"在逻辑上可以代表"真"与"假"、"是"与"否"、"有"与"无"。这种具有逻辑属性的变量就称为逻辑变量。逻辑变量之间的运算称为逻辑运算。

计算机的逻辑运算与算术运算的主要区别是：逻辑运算是按位进行的，位与位之间不像加减运算那样有进位或借位的联系。

逻辑运算主要包括三种基本运算：逻辑加法（又称"或"运算）、逻辑乘法（又称"与"运算）和逻辑否定（又称"非"运算）。此外，"异或"运算也很有用。

1. 逻辑加法（"或"运算）

逻辑加法通常用符号"+"或"∨"来表示。逻辑加法运算规则如下：

0+0=0, 0 ∨ 0=0

0+1=1, 0 ∨ 1=1

1+0=1, 1 ∨ 0=1

1+1=1, 1 ∨ 1=1

从上式可见，逻辑加法有"或"的意义。也就是说，在给定的逻辑变量中，A 或 B 只要有一个为 1，其逻辑加的结果为 1；两者都为 1 则逻辑加为 1。

2. 逻辑乘法（"与"运算）

逻辑乘法通常用符号"×"或"∧"或"·"来表示。逻辑乘法运算规则如下：

0×0=0,   0 ∧ 0=0,   0·0=0

0×1=0,   0 ∧ 1=0,   0·1=0

1×0=0,   1 ∧ 0=0,   1·0=0

1×1=1,   1 ∧ 1=1,   1·1=1

不难看出，逻辑乘法有"与"的意义。它表示只有参与运算的逻辑变量都同时取值为 1 时，其逻辑乘积才等于 1。

3. 逻辑否定

逻辑非运算又称逻辑否运算。其运算规则为：

¬ 0=1（非 0 等于 1）

¬ 1=0（非 1 等于 0）

4. 异或逻辑运算（"半加"运算）

异或逻辑运算通常用符号"⊕"表示，其运算规则为：

0 ⊕ 0=0, 0 同 0 异或，结果为 0

0 ⊕ 1=1, 0 同 1 异或，结果为 1

1 ⊕ 0=1, 1 同 0 异或，结果为 1

1 ⊕ 1=0, 1 同 1 异或，结果为 0

即两个逻辑变量相异，输出才为 1。

1.2.3 计算机的信息单位

计算机对信息进行存储、处理和传输等所涉及的对信息量的描述单位有位、字节、字、字长等。

1. 位

位（bit，简称比特），二进制数系统中，每个 0 或 1 就是 1 位，是计算机中表示信息容量的最小单位。1 位二进制数可以表示 2^1 个信息量，每增加 1 位，可表达的信息量就增加 1 倍。

2. 字节

字节（Byte）是计算机表示信息量的基本单位。1 个字节由 8 位二进制数组成，可表示

2^8 个信息量，即 1 个字节可以表示 256 种变化，可以存储任意 1 个西文字符，也就是说 1 个西文字符占 1 个字节的空间，一个中文汉字占 2 个字节的空间。

计算机中用字节表示存储器的存储容量。1 位为 1 bit，1 字节为 1B。由于计算机存储容量大，通常使用的存储容量单位有千字节（KB）、兆字节（MB）、吉字节（GB）、太字节（TB）等。各单位的换算关系如下：

1 B=8 bit

1 KB=2^{10} B=1 024 B

1 MB=1 024 KB

1 GB=1 024 MB

1 TB=1 024 GB

计算机中信息量的表达中，1 千不是指日常生活中的 1000，由于采用二进制的原因，1 千为 2^{10}，即 1 024，便于用二进制统计计算。

3. 字长

一般说来，计算机在同一时间内处理的一组二进制数称为一个计算机的"字"，而这组二进制数的位数就是字长。

字长有 2^2=4、2^3=8、2^4=16、2^5=32、2^6=64、2^7=128 等。

在其他指标相同时，字长越大计算机处理数据的速度就越快，精度越高。早期的微型计算机字长一般是 8 位和 16 位，386 以及更高的处理器大多是 32 位。目前市面上的计算机的处理器大部分已达到 64 位。

1.2.4 计算机中信息的表示与编码

计算机中的信息包括两类：数字信息和非数字信息。非数字信息中的文字、图形、图像、声音等都是用"0"和"1"两个二进制数来表示。

1. 西文字符的编码

西文字符通常按 ASCII（American Standard Code for Information Interchange，美国信息交换标准代码）编码方式表示。

ASCII 码原为美国国家标准，在计算机发展过程中，被国际标准化组织（ISO）规定为国际标准，全球通用。

因为计算机只能接收数字信息，ASCII 码将字符作为数字来表示，以便计算机能够接收和处理。例如大写字母 A 的 ASCII 码是 65。

从 ASCII 码中可以看出，小写字母 a 的 ASCII 码是 97，数字字符 0 的 ASCII 码是 48，小写字母与对应的大写字母的 ASCII 码之差是 32。

一个西文字符的 ASCII 码转换为二进制，最大为 7 位二进制数 $(1111111)_B$，而计算机存储信息的基本单元宽度为 8 位，则要正确表示一个西文字符就可以将第 8 位（最高位）规定为 0。

标准 ASCII 码表见表 1.3。

表 1.3　标准 ASCII 码表

十进制	十六进制	字符	十进制	十六进制	字符	十进制	十六进制	字符	十进制	十六进制	字符
0	0	NUL	32	20	space	64	40	@	96	60	`
1	1	SOH	33	21	!	65	41	A	97	61	a
2	2	STX	34	22	"	66	42	B	98	62	b
3	3	ETX	35	23	#	67	43	C	99	63	c
4	4	EOT	36	24	$	68	44	D	100	64	d
5	5	ENQ	37	25	%	69	45	E	101	65	e
6	6	ACK	38	26	&	70	46	F	102	66	f
7	7	BEL	39	27	'	71	47	G	103	67	g
8	8	BS	40	28	(	72	48	H	104	68	h
9	9	HT	41	29	)	73	49	I	105	69	i
10	0A	LF	42	2A	*	74	4A	J	106	6A	j
11	0B	VT	43	2B	+	75	4B	K	107	6B	k
12	0C	FF	44	2C	,	76	4C	L	108	6C	l
13	0D	CR	45	2D	-	77	4D	M	109	6D	m
14	0E	SO	46	2E	.	78	4E	N	110	6E	n
15	0F	SI	47	2F	/	79	4F	O	111	6F	o
16	10	DLE	48	30	0	80	50	P	112	70	p
17	11	DC1	49	31	1	81	51	Q	113	71	q
18	12	DC2	50	32	2	82	52	R	114	72	r
19	13	DC3	51	33	3	83	53	X	115	73	s
20	14	DC4	52	34	4	84	54	T	116	74	t
21	15	NAK	53	35	5	85	55	U	117	75	u
22	16	SYN	54	36	6	86	56	V	118	76	v
23	17	TB	55	37	7	87	57	W	119	77	w
24	18	CAN	56	38	8	88	58	X	120	78	x
25	19	EM	57	39	9	89	59	Y	121	79	y
26	1A	SUB	58	3A	:	90	5A	Z	122	7A	z
27	1B	ESC	59	3B	;	91	5B	[	123	7B	{
28	1C	FS	60	3C	<	92	5C	/	124	7C	|
29	1D	GS	61	3D	=	93	5D	]	125	7D	}
30	1E	RS	62	3E	>	94	5E	^	126	7E	~
31	1F	US	63	3F	?	95	5F	—	127	7F	DEL

2. 汉字字符的编码

　　由于汉字是一种象形文字，结构复杂、字数多，要在计算机中处理汉字，必须解决如下几个问题：首先是汉字的输入，即如何把结构复杂的方块汉字输入到计算机中，这是汉字处理的关键；其次，汉字在计算机内如何表示和存储，如何与西文兼容等；最后，如何将汉字的处理结果从计算机内输出。汉字编码在计算机中的转换过程如图 1.2 所示。

图 1.2　汉字编码在计算机中的转换过程

（1）汉字输入码

为利用计算机上现有的标准西文键盘输入汉字，必须为汉字设计输入码。输入码也称为外码。目前，已申请专利的汉字输入编码方案有六七百种之多，而且还不断有新的输入方法问世。按照不同的设计思想，可把这些数量众多的输入码归纳为四大类：数字编码、拼音码、字形码和音形码，目前应用最广泛的是拼音码和字形码。

（2）汉字国标码

1980 年我国颁布了《信息交换用汉字编码字符集　基本集》（GB/T 2312—1980），是国家规定的用于汉字信息处理使用的代码依据，这种编码称为国标码。

在国标码的字符集中共收录了 6 763 个常用汉字和 683 个非汉字字符（图形、符号），其中一级汉字 3 755 个，以汉语拼音为序排列；二级汉字 3 008 个，以偏旁部首进行排列。用于汉字外码和内部码的交换。

国标 GB/T 2312—1980 规定，所有的国标汉字与符号组成一个 94×94 的矩阵，在此方阵中，每一行称为一个"区"（区号为 01～94），每一列称为一个"位"（位号为 01～94），该方阵实际组成了一个 94 个区，每个区内有 94 个位的汉字字符集，每一个汉字或符号在码表中都有一个唯一的位置编码，叫该字符的区位码。

例如，"中"区位码 5448，用 2 个字节的二进制表示为（01010100 01001000）$_B$。

（3）汉字机内码

机内码是汉字在计算机内的基本表示形式，是计算机对汉字进行识别、存储、处理和传输所用的编码，又称为汉字内码。

在计算机内汉字字符必须与英文字符区别开，以免造成混乱。一般用 2 个字节来存放汉字的内码，而英文字符的机内码是用 1 个字节来存放 ASCII 码，1 个 ASCII 码占 1 个字节的低 7 位，最高位为"0"，为了区分，汉字机内码中 2 个字节的最高位均置"1"。

例如，汉字"国"的国标码为 2590H（00100101 10010000）$_B$，机内码为 B9FAH（10111001 11111010）$_B$。

（4）汉字字形码

字形码是表示汉字字形信息（汉字的结构、形状、笔画等）的编码，用来实现计算机对汉字的输出（显示、打印）。

每一个汉字的字形都必须预先存放在计算机内，例如 GB 2312 国标汉字字符集的所有字符的形状描述信息集合在一起，称为字形信息库，简称字库。通常分为点阵字库和矢量字库。根据汉字输出精度的要求，有不同密度点阵。汉字字形点阵有 16×16 点阵、24×24 点阵、32×32 点阵等。

汉字字形点阵中每个点的信息用一位二进制码来表示，"1"表示对应位置处是黑点，"0"表示对应位置处是空白。字形点阵的信息量很大，所占存储空间也很大，例如，16×16 点阵，每个汉字就要占 32 个字节（16×16÷8=32）；24×24 点阵的字形码需要用 72 个字节（24×24÷8=72），因此字形点阵只能用来构成"字库"，而不能用来替代机内码用于机内存储。

字库中存储了每个汉字的字形点阵代码，不同的字体对应着不同的字库。在输出汉字时，计算机要先到字库中去找到它的字形描述信息，然后再把字形送去输出。

3.多媒体信息编码

多媒体（multimedia）是多种媒体的综合，一般包括文本，声音和图像等多种媒体形式。

在计算机系统中，多媒体指组合两种或两种以上媒体的一种人机交互式信息交流和传播媒体。使用的媒体包括文本、图形、图像、声音、动画和影片，以及程式所提供的互动功能。多媒体信息的类型及特点。

（1）文本

文本是以文字和各种专用符号表达的信息形式，它是现实生活中使用得最多的一种信息存储和传递方式。用文本表达信息给人充分的想象空间，它主要用于对知识的描述性表示，如阐述概念、定义、原理和问题以及显示标题、菜单等内容。

（2）图像

图像是多媒体软件中最重要的信息表现形式之一，它是决定一个多媒体软件视觉效果的关键因素。

（3）动画

动画是利用人的视觉暂留特性，快速播放一系列连续运动变化的图形图像，也包括画面的缩放、旋转、变换、淡入 / 淡出等特殊效果。通过动画可以把抽象的内容形象化，使许多难以理解的教学内容变迁生动有趣。合理使用动画可以达到事半功倍的效果。

（4）声音

声音是人们用来传递信息、交流感情最方便、最熟悉的方式之一。在多媒体课件中，按其表达形式，可将声音分为讲解、音乐、效果三类。

（5）视频影像

视频影像具有时序性与丰富的信息内涵，常用于交代事物的发展过程。视频非常类似于我们熟知的电影和电视，有声有色，在多媒体中充当起重要的角色。

▌ 1.3　计算机系统

计算机系统包括硬件系统和软件系统两大部分。计算机通过执行程序而运行，计算机工作时软硬件协同工作，二者缺一不可。

硬件（hardware）是构成计算机的物理装置，是计算机能够运行的物质基础，是表征计算机性能的主要指标。

软件（software）是指使计算机运行需要的程序、数据和有关的技术文档资料。软件是计算机的灵魂，是发挥计算机功能的关键。

1.3.1　计算机系统的基本组成

计算机系统由硬件系统和软件系统两大部分组成，如图 1.3 所示。

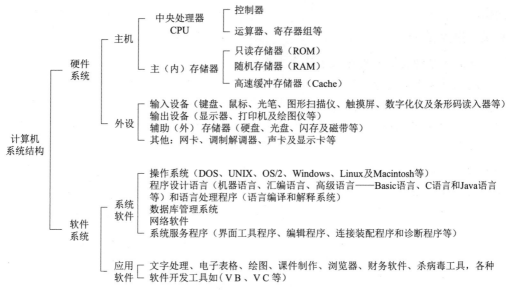

图 1.3　计算机系统组成

硬件是计算机本身的核心部分，决定着计算机的性能、外观等。从功能角度，硬件包括五大功能部件：运算器、控制器、存储器、输入设备和输出设备，各部件间相互配合协同工作，完成软件赋予的各种操作。硬件核心部件间协作关系如图 1.4 所示。

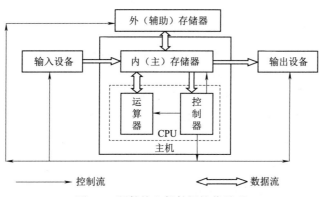

图 1.4　硬件核心部件间协作关系

只有硬件部分的计算机称为"裸机"，不能被普通用户使用。但没有硬件部分就不能称为计算机。硬件是计算机系统的基础和必要条件。

软件是相对硬件而言，是指挥各硬件协同工作的"大脑"，并为各部分（包括硬件和软件）工作提供必要的数据支持。软件配合硬件，充分融合，构成计算机系统，成为人们工作、生活、娱乐的帮手。

1.3.2　计算机系统的工作原理

到目前为止，尽管计算机发展了 4 代，但其基本工作原理仍然没有改变，即冯·诺依曼原理。

冯·诺依曼原理的基本思想是存储程序与程序控制。存储程序是指人们必须事先把计算机的执行步骤序列（即程序）及运行中所需的数据，通过一定方式输入并存储在计算机的存储器中。程序控制是指计算机运行时能自动地逐一取出程序中一条条指令，加以分析并执行规定的操作。

1. 冯·诺依曼原理

冯·诺依曼原理具体体现在以下几个方面。

（1）用二进制表示指令和操作数据。

（2）用存储器存放指令和操作数据，中央处理器（central processing unit, CPU）从内存中直接取出指令和操作数据，通过分析和解释后进行数据计算，再将结果存回内存，直到执行完全部指令后停止。

（3）完成计算机的运行，需要运算器、控制器、存储器、输入设备和输出设备配合。规定各设备的基本功能。

运算器、控制器、存储器、输入设备和输出设备配合，其组成如图 1.5 所示。

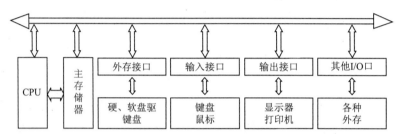

图 1.5　微型计算机各部件基本组成

计算机工作过程如下：

①将程序和数据通过输入设备送入存储器。

②启动运行后，计算机从存储器中取出程序指令送到控制器去识别，分析该指令要做什么事。

③控制器根据指令的含义发出相应的命令（例如加法、减法等），将存储单元中存放的操作数据取出送往运算器进行运算，再把运算结果送回存储器指定的单元中。

④当运算任务完成后，就可以根据指令将结果通过输出设备输出。

2. 专业术语

计算机工作过程中所涉及的相关术语介绍如下。

（1）指令

指令就是指挥机器工作的指示和命令，是构成计算机软件的基本元素，表示成二进制数编码的操作命令，是 CPU 能执行的一个基本操作。指令由操作码和操作数两部分构成。

指令系统中的每一条指令都有一个操作码，它表示该指令应进行什么性质的操作。不同的指令用操作码这个字段的不同编码来表示，每一种编码代表一种指令。如操作码"＋"的定义是 01100001。操作码其实就是指令序列号，用来告知 CPU 需要执行哪种操作，例如加、减、乘、除等。

存储器中有许多存放指令或数据的存储单元，每一个存储单元都有一个编号，该编号即地址码。地址编号由小到大顺序增加。对该存储单元取出或存入的二进制信息称为该地址的内容，可以按地址去寻找访问存储单元里的内容。操作数是指参加运算的数或存储数据的单元地址。

（2）指令系统

指令系统是 CPU 所能执行的全部指令的集合，它描述了计算机内全部的控制信息和"逻辑判断"能力。不同计算机的指令系统包含的指令种类和数目也不同。一般均包含算术运算型、逻辑运算型、数据传送型、判定和控制型、输入和输出型等指令。指令系统是表征一台计算机性能的重要指标，它的格式与功能不仅直接影响到机器的硬件结构，而且还直接影响到系统软件，影响到机器的适用范围。

（3）程序

程序（program）是为实现特定目标或解决特定问题而用计算机语言编写的命令序列的集合。一般分为系统程序和应用程序两大类。

一个计算机程序主要描述两部分内容：一是描述问题的每个对象；二是描述对这些对象的处理动作和这些动作的先后顺序。前一部分通常叫作数据结构；后一部分叫作求解算法。所以可以用一个等式来表达程序：程序＝数据结构＋算法。

（4）软件

简单地说，软件是指计算机系统中的程序及其文档；程序是计算任务的处理对象和处理规则的描述；文档是为了便于了解程序所需的阐明性资料。

软件的核心是一系列按照特定顺序组织的计算机数据和指令的集合。软件被划分为编程语言、系统软件、应用软件和介于这两者之间的中间件。软件并不只是包括可以在计算机（这里的计算机是指广义的计算机）上运行的计算机程序，与这些计算机程序相关的文档一般也被认为是软件的一部分。

1.3.3　计算机硬件系统

任何一台计算机都是由运算器、控制器、存储器、输入设备和输出设备五大部分组成，各部分间依靠总线连接，由程序控制，各司其职、协调完成工作。

1. 中央处理器

中央处理器（central processing unit, CPU）包括运算器和控制器两大部件，是计算机的核心部件，可以直接访问内存。CPU 的工作原理可分为四个阶段：提取（fetch）、解码（decode）、执行（execute）和写回（write back）。CPU 从存储器或高速缓冲存储器中取出指令，放入指令寄存器，并对指令译码执行指令。所谓的计算机的可编程性主要是指对 CPU 的编程。

（1）微处理器发展历程

从 20 世纪 70 年代开始，由于集成电路的大规模使用，把本来需要由数个独立单元构成的 CPU 集成为一块微小但功能空前强大的处理器。尽管与早期相比，CPU 在物理形态、设计制造和具体任务的执行上都有了戏剧性的发展，但基本的操作原理一直没有改变。1971 年，当时还处在发展阶段的 Intel 公司推出了世界上第一台真正的微处理器 4004。1978 年，Intel 公司再次领导潮流，首次生产出 16 位的微处理器并命名为 i8086，同时还生产出与之相配合的数字协处理器 i8087，把这些指令集中统一称为 X86 指令集。1985 年，Intel 公司推出了 80386 芯片，它是 80X86 系列中的第一种 32 位微处理器，而且制造工艺也有了很大的进步，时钟频率高到 20 MHz、25 MHz、33 MHz。1989 年，Intel 公司推出 80486 芯片，集成了 120 万个晶体管，时钟频率逐步提高 50 MHz。

处理器的性能决定 PC 的档次，例如 Intel 系列的 CPU 有 8086/8088、80286、80386、

80486、Pentium、Pentium Pro、Pentium II、Pentium III 和 Pentium 4，英特尔公司已经结束使用长达 12 年之久的"奔腾"的处理器转而推出酷睿"Core 2 Duo"和"Core 2 Quad"品牌，以及最新出的 Core i3、Core i5、Core i7、Core i9 等品牌的 CPU。

现在生产微处理器的公司很多，最著名的是总部位于美国加利福尼亚州圣克拉拉的 Intel 公司和总部位于美国加州硅谷内森尼韦尔的 AMD 公司，其次还有 IBM 公司等。

中国的微处理器主要有中国科学院计算所研制的"龙芯"系列处理器，龙芯 1 号于 2002 年研发完成，32 位，主频 266 MHz。龙芯 2 号于 2003 年正式完成并发布，具有 64 位处理器，主频为 300 MHz 至 1 000 MHz，500 MHz 版约与 1 GHz 版的 Intel Pentium III、Pentium 4 拥有相近的效能水平。龙芯 3A 是中国第一个具有完全自主知识产权的四核 CPU，龙芯 3 号处理器采用的是 65 nm（纳米）工艺，主频 1 GHz，晶体管数目 4.25 亿个，单颗龙芯 3A 的最大功率为 15 W，理论峰值为 16 Gflops，每颗 CPU 单瓦特能效比 1.06 Gflops/W，是 X86 CPU 的 2 倍以上，达到了世界先进水平。龙芯 3 号多核 CPU 系列产品定位服务器和高性能计算机应用。

龙芯 3A 集成了 4 个 64 位超标量处理器核、4 MB 的二级内存、2 个 DDR2/3 内存控制器、两个高性能 HyperTransport 控制器、1 个 PCI/PCIX 控制器以及 LPC、SPI、UART、GPIO 等低速 I/O 控制器。龙芯 3A 的指令系统与 MIPS64 兼容并通过指令扩展支持 X86 二进制翻译。继龙芯 3A 后，龙芯 3 号系列处理器的第二代产品——八核龙芯 3B 处理器已于 2012 年年初流片成功。我国首台采用自主设计的"龙芯 3B"八核处理器的万亿次高性能计算机"KD-90"，由中国科学技术大学与深圳大学联合研制成功。

高性能计算机 KD-90 采用单一机箱，集成了 10 颗八核龙芯 3B 处理器，理论峰值计算能力达到每秒 1 万亿次。系统硬件由 1 个前置服务器、5 个计算节点、2 个千兆以太网交换机以及监控单元组成。其中，前置服务器和计算节点均采用了我国自主设计的龙芯 3B 八核处理器，主要互连部件采用了自主研发的超多端口千兆以太网交换芯片。系统软件以开源软件为主，其中包括针对龙芯 3B 处理器结构专门优化的数学函数库，以及自主研发的图形化系统监控管理软件，具有兼容性强、易维护、易升级、易使用等特点。

KD-90 的研制依托国家科技重大专项"高性能多核 CPU 研发与应用"项目的支持，由中国科学院院士、中国科技大学教授陈国良为负责人的科研团队，历时近一年攻关成功。和基于上一代"龙芯"处理器的国产高性能计算机 KD-60 相比，KD-90 系统实现了"三低一高"的特性：成本低于 20 万元，功率低于 900 W，体积降低至 0.12 m^2，性能高达每秒 1 万亿次。2022 年 12 月，龙芯中科完成 32 核龙芯 3D5000 初样芯片验证。2023 的 4 月，龙芯中科发布新款高性能服务器 CPU 龙芯 3D5000，该 CPU 采用龙芯自主指令系统"龙架构"（LoongArch），无须国外授权，可满足通用计算、大型数据中心、云计算中心的计算需求。

（2）微处理器性能要素

CPU 的性能指标直接决定微型计算机的性能指标，它的性能指标主要包括主频、字长、高速缓存、制造工艺等。

①主频、外频和倍频。主频也叫时钟频率，单位是兆赫兹（MHz）或吉赫兹（GHz），用来表示 CPU 的运算、处理数据的速度。主频表示在 CPU 内数字脉冲信号振荡的速度。

CPU 主频的计算方式为：主频＝外频 × 倍频系数。

主频和实际的运算速度存在一定的关系，但并不是一个简单的线性关系，所以，CPU 的主频与 CPU 实际的运算能力是没有直接关系的，由于主频并不直接代表运算速度，所以在一定情况下，很可能会出现主频较高而 CPU 实际运算速度较低的现象。在 Intel 的处理器产品中，也可以看到这样的例子：1GHz Itanium（安腾）芯片能够表现得差不多跟 2.66GHz Xeon（至强）/Opteron（皓龙）一样快，或是 1.5 GHz Itanium 2 大约跟 4 GHz Xeon/Opteron 一样快。CPU 的运算速度还要看 CPU 的流水线、总线等各方面的性能指标。

外频是 CPU 的基准频率，单位是 MHz。外频是 CPU 与周边设备间传输数据的频率，具体是指 CPU 到主板芯片组之间的总线速度。CPU 的外频决定着整块主板的运行速度。

倍频系数是 CPU 主频与外频之间的相对比例关系。最初 CPU 主频和系统总线速度一样，但 CPU 的速度越来越快，倍频技术也就相应产生。它的作用是使系统总线工作在相对较低的频率上，而 CPU 速度可以通过倍频来提升，协调 CPU 的高速与总线的相对低速。

②微处理器字长。微处理器字长是指一次能处理的二进制位数。微处理器发展到今天，字长从 4 位开始，逐渐发展到 8 位、16 位、32 位，现在很多高校机房的计算机是 32 位系统，64 位 CPU。字长越长，工作速度越快，CPU 性能越好，当然，CPU 的内部结构也越复杂，同时价格也就越高。但它不能绝对决定计算机的性能。

③高速缓冲存储器（Cache）。高速缓冲存储器是一种速度比内存更快的存储器，CPU 读数据时直接访问 Cache，只有在 Cache 中没有找到所需数据时，CPU 才去访问内存。Cache 相当于内存和 CPU 之间的缓冲区，实现内存和 CPU 的速度匹配，当前一般构建在 CPU 芯片内部。

④制造工艺。微处理器制造工艺所说的微米或纳米是指集成电路（integrated circuit，IC）内电路与电路之间的距离。制造工艺的趋势是向高密集度的方向发展。密度愈高的 IC 电路设计，意味着在同样大小面积的 IC 中，可以拥有密度更高、功能更复杂的电路设计。毋庸置疑，芯片的纳米数越小越先进。纳米数越小，所需要的光刻机的蚀刻水平越高，那么单位面积内所能蚀刻的晶体管数量也就越多。同样体积大小的芯片，纳米数越小，代表内含的晶体管数量也就越多、运算单元也就越多、性能也就越强劲、功耗也就越低。现在的产品都向着小型化、微型化去发展，而性能越来越强劲，这就对芯片的工艺制程提出了更高的要求。

2. 主板和总线

主板又叫主机板（main board）、系统板（system board）或母板（mother board），是微型计算机最基本的也是最重要的部件之一，其外观如图 1.6 所示。

主板是计算机主机与外围设备连接的必由通道，主板上布置有各部件联系的总线（BUS）电路，满足各部件间通信需求。

在计算机系统中，各个部件之间传送信息的公共通路叫总线，微型计算机是以总线结构来连接各个功能部件的。

图 1.6　主板

（1）主板

主板采用了开放式结构。主板上大都有 6 ～ 15 个扩展插槽，供 PC 外围设备的适配器（控制卡）插接。通过更换这些插卡，可以对 PC 的相应子系统进行局部升级，使厂家和用户在配置机型方面有更大的灵活性。主板的类型和档次决定着整个 PC 系统的类型和档次，主板的性能影响着整个 PC 系统的性能。

主板是 PC 最基本的也是最重要的部件之一。主板一般为矩形电路板，上面安装有组成计算机的主要电路系统，一般有 BIOS 芯片、I/O 控制芯片、键盘和面板控制开关接口、指示灯插接件、扩充插槽、主板及插卡的直流电源供电接插件等元件。主板主要由芯片组、扩展槽和对外接口三部分构成。

①芯片组。BIOS 芯片是一块方块状的存储器，里面存有与该主板搭配的基本输入 / 输出系统程序。能够让主板识别各种硬件，还可以设置引导系统的设备，调整 CPU 外频等。BIOS 芯片是可以写入的，这方便用户更新 BIOS 的版本，以获取更好的性能及对计算机最新硬件的支持。

横跨 AGP 插槽左右两边的两块芯片就是南北桥芯片。南桥芯片多位于 PCI 插槽的上面；而 CPU 插槽旁边，被散热片盖住的就是北桥芯片。芯片组以北桥芯片为核心，一般情况，主板的命名都是以北桥的核心名称命名的（例如，P67 的主板就是用的 Intel P67 的北桥芯片）。北桥芯片主要负责处理 CPU、内存、显卡三者间的信息交换，发热量较大，需要散热片散热。南桥芯片则负责硬盘等外存储设备和 PCI 之间的数据流通。南桥芯片和北桥芯片合称芯片组，芯片组在很大程度上决定了主板的功能和性能。

②扩展槽。扩展槽是用于连接外部的转换（适配）部件，即"插拔部件"。所谓的"插拔部件"是指这部分的配件可以用"插"来安装，用"拔"来反安装。

内存插槽用于安装内存条（卡），内存插槽一般位于 CPU 插座下方。

AGP 插槽用于安装显示适配器（显卡）。在 PCI Express 出现之前，AGP 显卡较为流行，其传输速度最高可达到 2 133 MB/S。

PCIE 和 PCIX 插槽用于安装适合 PCIE 和 PCIX 接口的显卡，功能优于 AGP 接口。

PCI 插槽用于安装声卡、股票接受卡、网卡、多功能卡等设备。

③对外接口。对外接口主要指直接连接外设的接口，主要有硬盘接口、COM 接口（串口）、PS/2 接口、USB 接口、LPT 接口（并口）、MIDI 接口等。

（2）总线

在计算机系统中，各个部件之间传送信息的公共通路叫作总线，它是由导线组成的传输线束。按照计算机所传输的信息种类，计算机的总线可以划分为数据总线（data bus,DB）、地址总线（address bus,AB）和控制总线（control bus,CB），分别用来传输数据、传送地址和控制信号，微型计算机是以总线结构来连接各个功能部件的。

总线是一种内部结构，它是 CPU、内存、输入、输出设备传递信息的公用通道，主机的各个部件通过总线相连接，外部设备通过相应的接口电路再与总线相连接，从而形成了计算机硬件系统。

①数据总线。数据总线用于传送数据信息。数据总线是双向三态形式的总线，即它既可以把 CPU 的数据传送到存储器或 I/O 接口等其他部件，也可以将其他部件的数据传送到 CPU。数据总线的位数是微型计算机的一个重要指标，通常与微处理的字长相一致。

②地址总线。地址总线专门用来传送地址。由于地址只能从 CPU 传向外部存储器或 I/O 端口，所以地址总线总是单向三态的，这与数据总线不同。地址总线的位数决定了 CPU 可直

接寻址的内存空间大小，如 8 位 PC 的地址总线为 16 位，则其最大可寻址空间为 2^{16}=64 KB。一般来说，若地址总线为 n 位，则可寻址空间为 2^n 字节。

③控制总线。控制总线用来传送控制信号和时序信号。控制信号中，有的是微处理器送往存储器和 I/O 接口电路的，例如读 / 写信号、片选信号、中断响应信号等；也有是其他部件反馈给 CPU 的，例如中断申请信号、复位信号、总线请求信号、设备就绪信号等。因此，控制总线的传送方向由具体控制信号而定，一般是双向的，控制总线的位数要根据系统的实际控制需要而定。实际上控制总线的具体情况主要取决于 CPU。

总线的工作原理如下：当总线空闲（其他器件都以高阻态形式连接在总线上）且一个器件要与目的器件通信时，发起通信的器件驱动总线，发出地址和数据。其他以高阻态形式连接在总线上的器件如果收到（或能够收到）与自己相符的地址信息后，即接收总线上的数据。发送器件完成通信，将总线让出（输出变为高阻态）。

3. 存储设备

计算机存储设备主要分为主存储器和辅助存储器（外存）两大类。由于电子技术的发展，辅助存储器设备种类繁多，存储容量急剧增大。

计算机的主存储器是计算机组成必不可少的重要部分之一，用于存储现在正在使用或经常使用的数据和程序，是 CPU 能直接访问的存储器。

（1）主存储器

主存分为随机访问存储器（random access memory, RAM）、只读存储器（read only memory，ROM）和高速缓冲存储器（Cache）。

①随机访问存储器。随机访问存储器简称随机存储器，其存储单元的内容可按需要随意取出或存入，且存取的速度与存储单元的位置无关的存储器。这种存储器在断电时将丢失存储内容，因此主要用于存储正在或经常使用的程序和数据，包括操作系统模块。按照存储信息的不同，随机存储器又分为静态随机存储器（static RAM, SRAM）和动态随机存储器（dynamic RAM，DRAM）。RAM 就是人们在计算机中经常提到的内存条，内存条外观如图 1.7 所示。

图 1.7　内存条外观

在计算机系统中，需要运行的程序和使用的数据信息，往往被组织成文件的形式存放在外存，只有调入内存才能被 CPU 调用。

②只读存储器。只读存储器中存入的数据只提供读出不能写入，因此只读存储器一般以固化芯片的形式存在。存入的数据不会受断电的影响，一直存在。

ROM 一般存入的数据是硬件设备的专用程序、管理程序、监控程序等。ROM 按内部结构分为可编程 ROM（programmable ROM，PROM）、可擦除可编程 ROM（erasable programmable read only memory, EPROM）、电子式可擦除可编程 ROM（electrically erasable programmable read only memory, EEPROM）等。

③高速缓冲存储器。为了匹配 CPU 的高速和 RAM 的相对慢速，特在 CPU 与 RAM 之间设计一个比主存储器体积小但速度快，用于保存从主存储器得到的指令副本（很可能在下一步为处理器所需）的专用缓冲存储器，缩短 CPU 直接从 RAM 提取数据的时间，以便于提高计算机运算速度。

介于中央处理器和主存储器之间的高速小容量 Cache，与 RAM 一起构成一级的存储器。

Cache 由静态存储芯片（SRAM）组成，容量比较小但速度比 RAM 高得多，接近于 CPU 的速度。

（2）外存储器

外储存器是指除计算机主存储器及 CPU 缓存以外的存储器，此类存储器特点是断电后仍然能保存数据、容量大、存取速度相对较慢。常见的外储存器有硬盘、光盘、U 盘及各种存储卡等。

内存储器速度快、价格贵、容量小、断电后内存内数据会丢失；外存储器单位价格低、容量大、速度慢、断电后数据不会丢失。

①硬盘。硬盘（hard disk drive，HDD）存储器是现代计算机必备的外存储器之一，安装于计算机机箱内部，一般不随意拆装，具有很高的稳定性和性价比。温切斯特硬盘外部和内部基本结构如图 1.8 所示，由一个或者多个铝制或者玻璃制的碟片组成，这些碟片外覆盖有磁性材料。绝大多数硬盘都是固定硬盘，被永久性地密封固定在硬盘驱动器中。

图 1.8　硬盘

硬盘主要由读 / 写磁头、磁盘、控制电路、接口电路和密封外套等组成。表征硬盘性能的基本参数有容量、转速、平均访问时间、传输速率、缓存容量。

作为计算机系统的数据存储器，容量是硬盘最主要的参数，现在一块硬盘的容量几百 GB 到 3 TB。按厂家的标准，1 TB=1 000 GB；1 GB=1 000 MB。一般情况下硬盘容量越大，单位字节的价格就越便宜。

转速（revolutions per minute, r/min）是硬盘内电机主轴的旋转速度，是硬盘盘片在一分钟内所能完成的最大转数。转速的快慢是标示硬盘档次的重要参数之一，决定硬盘内部传输速率，在很大程度上直接影响硬盘读 / 取数据的速度。家用的普通硬盘的转速一般有 5 400 r/min、7 200 r/min；笔记本计算机以 4 200 r/min、5 400 r/min 为主；服务器中使用的 SCSI 硬盘转速基本都采用 10 000 r/min、15 000 r/min，性能高于家用产品很多。

平均访问时间（average access time, AAT）是指磁头从起始位置到达目标磁道位置，并且从目标磁道上找到要读写的数据扇区所需的时间。平均访问时间体现了硬盘的读写速度，它包括了硬盘的寻道时间和等待时间，即平均访问时间＝平均寻道时间＋平均等待时间。目前硬盘的平均寻道时间通常在 8~12 ms 之间。

硬盘接口的类型主要有 IDE 接口（integrated drive electronics，电子集成驱动器，俗称 PATA 并口）、SATA 接口（serial ATA）和 SCSI 接口（small computer system Interface，小型计算机系统接口）。IDE 接口在原先的 PC 中应用最为广泛，理论上外部最大传输速率达到 133 MB/s；SATA 接口（也称为串口）目前已全面取代 IDE 接口而广泛应用于 PC 中，它采用点对点的方式实现了数据的分组传输从而带来更高的传输效率，SATA I 接口，正式名称为 SATA 1.5 Gbit/s，是第一代 SATA 接口，运行速度为 1.5 Gbit/s。这个接口支持高达 150 MB/s 带宽吞吐量。SATA II 接口，正式名称为 SATA 3 Gbit/s，是第二代 SATA 接口，运行速度为 3.0 Gbit/s。这个接口支持高达 300 MB/s 带宽吞吐量。SATA III 接口，正式名称为 SATA 6 Gbit/s，是第三代 SATA 接口，运行速度为 6.0 Gbit/s。这个接口支持高达 600 MB/s 带宽吞吐量。向前兼容 SATA 3 Gbit/s 接口。但由于较高的价格使它很难如 SATA 接口般普及。

缓存（cache）是硬盘控制器上的一块内存芯片，具有极快的存取速度，它是硬盘内部存储和外界接口之间的缓冲器。现在主流硬盘的缓存容量一般有 8 MB、16 MB、32 MB 和 64 MB。

硬盘的外观尺寸主要有 3.5 英寸台式机硬盘，2.5 英寸笔记本硬盘或移动硬盘以及 1.8 英寸微型硬盘。

全球硬盘制造厂商主要有希捷（Seagate）、西部数据（Western Digital）、东芝（TOSHIBA）、三星（Samsung）。

②移动存储器。移动存储器统称为便携式存储器，体积较小，在普通计算机上可以实现"即插即用"。移动存储器一般有移动硬盘和以闪存芯片为存储介质的优盘（U 盘），它们共同特点是采用 USB（Universal Serial Bus，通用串行总线）接口，存储容量较大，移动硬盘可达 1 TB，U 盘达到 256 GB。

移动存储器的 USB 接口有三种标准，在部分旧机器上有 USB 1.1 标准，传输速率可达到 12 Mbit/s；当前常用 PC 上采用 USB2.0 标准，传输速率可达到 480 Mbit/s；新标准 USB3.0 已经制订并公布，传输速度是 USB2.0 标准的 10 倍。

移动存储器采用 USB 标准主要优点是：可以热插拔、携带方便、接口标准统一、可以连接多个设备。

在以上的存储器中，一般情况下传输速率由慢到快的顺序是：U 盘（光盘）、USB 接口小硬盘、IDE 接口硬盘、内存、Cache 到 CPU 中的寄存器。除只读光盘和 ROM 外，其余存储器既可以作为输入设备又可以作为输出设备。

4. 输入 / 输出设备

输入设备（input device）是指向计算机输入数据和信息的设备，是计算机与用户或其他设备通信的桥梁。输入设备是用户和计算机系统之间进行信息交换的主要装置之一。键盘、鼠标、摄像头、扫描仪、光笔、手写输入板、游戏杆、语音输入装置等都属于输入设备。

输出设备（output device）是计算机的终端设备，用于接收计算机数据的输出显示、打印、声音、控制外围设备操作等。也是把各种计算结果数据或信息以数字、字符、图像、声音等形式表示出来。常见的有显示器、打印机、绘图仪、影像输出系统、语音输出系统、磁记录设备等。

输入 / 输出设备共同特点是结构多样性、工作原理各异、速度都较慢、都通过一定的标准接口或转换部件与主板连接。

（1）输入设备

①键盘。键盘是任何计算机的标准输入设备，通过 PS/2 或 USB 接口连接主板上的输入接口。

②鼠标。鼠标全称是显示系统纵横位置指示器，因形似老鼠而得名"鼠标器"（mouse），简称"鼠标"。鼠标的使用是为了使计算机的操作更加简便，可以代替键盘大部分烦琐的指令。

③扫描仪。扫描仪（scanner）是利用光电技术和数字处理技术，以扫描方式将图形或图像信息转换为数字信号的装置。

④手写板。手写绘图输入设备对计算机来说是一种新输入设备，最常见的是手写板，其作用和键盘类似。手写板的日常使用上，在专门的手写识别软件支持下，除用于文字、符号、图形等输入外，还可提供光标定位功能，从而手写板可以同时替代键盘与鼠标，成为一种独立的输入工具。

⑤触摸屏。触摸屏安装在显示器前端，工作时，首先用手指或其他物体触摸安装在显示器前端的触摸屏，然后系统根据手指触摸的图标或菜单位置，接收触摸信息后送触摸屏控制器来定位选择信息输入。

（2）输出设备

①显示器。显示器（display）又称监视器，是计算机输出标准设备。它既可以显示键盘输入的命令或数据，也可以显示计算机数据处理的结果。显示器通过显示适配器（video adapter，简称显卡）与主机相连。显示器分为阴极射线管（cathode ray tube, CRT）显示器、液晶（liquid crystal display, LCD）显示器、LED 显示器和 3D 显示器 4 类。因 CRT 已基本淘汰，所以下面主要介绍一下另外三类显示器。

液晶显示器是当前主流显示器，它的主要原理是以电流刺激液晶分子产生点、线、面，配合背部灯管构成画面。新型的发光二极管（light emitting diode, LED）显示器也属于液晶显示器的一种，它是用高亮发光二极管替代传统的 CCEL（冷阴极荧光灯）背光模组，具有省电、发光均匀、寿命长、色彩好、成本低的优点。

描述显示器的性能参数，首先是显示器尺寸，一般是越大越好。LCD 显示器的参数还有响应时间、亮度、可视角度、视频接口类型等。

LED 显示器是一种通过控制半导体发光二极管的显示方式来显示文字、图形、图像、动画的显示屏幕。LED 的技术进步是扩大市场需求及应用的最大推动力。最初，LED 只是作为微型指示灯，在计算机、音响和录像机等高档设备中应用。随着大规模集成电路和计算机技术的不断进步，LED 显示器迅速崛起。LED 显示器集微电子技术、计算机技术、信息处理技术于一体，以其色彩鲜艳、动态范围广、亮度高、寿命长、工作稳定可靠等优点，成为最具优势的新一代显示设备。目前，LED 显示器已广泛应用于大型广场、体育场馆、证券交易大厅等场所，可以满足不同环境的需要。

3D 显示器一直被公认为是显示技术发展的终极梦想，多年来有许多企业和研究机构从事这方面的研究。日本、欧美、韩国等发达国家和地区早在 20 世纪 80 年代就纷纷涉足立体显示技术的研发，于 90 年代开始陆续获得不同程度的研究成果，现已开发出需佩戴立体眼镜和不需佩戴立体眼镜的两大立体显示技术体系。

②打印机。打印机（printer）是计算机的常用输出设备之一。打印机的功能是将计算机的运算结果或中间结果以人所能识别的数字、字母、符号和图形等，依照规定的格式印在纸上，形成"硬拷贝"结果。

打印机正向轻、薄、短、小、低功耗、高速度和智能化方向发展。

打印机的种类很多，按打印元件对纸是否有击打动作，分为击打式打印机与非击打式打印机。按一行字在纸上形成的方式，分为串式打印机与行式打印机。按所采用的印字技术，分为喷墨式、激光式、针式打印机等，按印制色彩分为彩色打印机与黑白打印机。现在市场上以激光式和针式打印机为主流，并且打印机（特别是激光打印机）向着集合式方向发展，即打印机集复印机、扫描仪、传真机于一体，称为一体机。

3D 打印机（3D printers），又称三维打印机，是一种累积制造技术，即快速成型技术的一种机器，它是一种数字模型文件为基础，运用特殊蜡材、粉末状金属或塑料等可黏合材料，通过打印一层层的黏合材料来制造三维的物体。现阶段三维打印机被用来制造产品。逐层打印的方式来构造物体的技术。3D 打印机的原理是把数据和原料放进 3D 打印机中，机器会按照程序把产品一层层造出来。

3D 打印机与传统打印机最大的区别在于它使用的"墨水"是实实在在的原材料，堆叠薄层的形式有多种多样，可用于打印的介质种类多样，从繁多的塑料到金属、陶瓷以及橡胶类物质。有些打印机还能结合不同介质，令打印出来的物体一头坚硬而另一头柔软。

（3）其他设备

除常用输入/输出设备外，经常用作为计算机信息采集的设备还有摄像头、数码照相机、数码摄像机等图像采集设备和声卡与麦克风音频采集设备。用于输出的设备有投影机等。

5. 计算机的性能指标

表征计算机性能的指标通常有字长、时钟频率、运算速度、存储容量和存取周期等构成。

（1）字长

字长是指计算机运算器运行一次运算所能并行处理的二进制数的位数，它标志着计算机处理数据的精度，反映计算机处理信息的能力，字长越长，计算机运算速度越快、运算精度越高，处理能力越强。字长从最初的 4 位、8 位、16 位、32 位至现在的 64 位。

（2）时钟频率

时钟频率的高低从一定程度上决定了计算机运行速度的高低，通常主频越高，运行速度越快。

（3）运算速度

运算速度是衡量计算机性能的一项重要指标。通常所说的计算机运算速度（平均运算速度），是指计算机每秒钟所能执行的指令条数，一般用 MIPS（million instruction per second，百万条指令每秒）来描述。

（4）存储容量

存储器分内存与外存两大类。内存容量是指计算机系统配备的内存总字节数，反映的是内存储器存储数据的能力，容量越大，计算机所能运行的程序越大，能处理的数据越多，运算速度越快，处理能力越强。外存储器容量越大，可存储的信息就越多，可安装的应用软件就越丰富，但外存储器的容量对计算机运算速度影响不大。显存对输出效果和输出速度影响较大。

（5）存取周期

存取周期是指 CPU 从内存储器中连续进行两次独立的存取操作之间所需的最短时间。这个时间越短，说明存储器的存取速度越快。内存储器的存取周期也是影响整个计算机系统性能的主要指标之一。

1.3.4　计算机软件系统

软件是能使计算机硬件系统顺利和有效工作的程序集合的总称。可靠的计算机硬件如同一个人的强壮体魄，有效的软件如同一个人的聪颖思维。

计算机的软件系统可分为系统软件和应用软件两部分。系统软件是负责对整个计算机系统资源的管理、调度、监视和服务。应用软件是指各个不同领域的用户为各自的需要而开发的各种应用程序。

1. 系统软件

系统软件是指控制和协调计算机及外部设备，支持应用软件开发和运行的系统，是无须用户干预的各种程序的集合，主要功能是调度、监控和维护计算机系统，负责管理计算机系统中各种独立的硬件，使得它们可以协调工作。系统软件使得计算机使用者和其他软件将计算机当作一个整体而不需要顾及底层每个硬件是如何工作的。

计算机系统软件主要包括：操作系统、编译系统、标准程序库、系统服务程序等。

（1）操作系统

操作系统（operating system, OS）是系统软件的核心，是管理计算机硬件资源，控制其他程序运行并为用户提供交互操作界面的系统软件的集合。常用操作系统有 Windows、UNIX、Linux、Mac OS、DOS 等。

（2）编译系统

编译系统负责把用户用高级语言所编写的源程序编译成机器所能理解和执行的机器语言。例如，FORTRAN、PASCLL、Turbo C 和 Visual C++ 的编译程序。

（3）标准程序库

标准程序库按标准格式所编写的一些程序的集合，这些标准程序包括求解初等函数、线性方程组、常微分方程、数值积分等计算程序。

（4）系统服务程序

服务性程序也称实用程序。为增强计算机系统的服务功能而提供的各种程序，包括对用户程序的装置、连接、编辑、查错、纠错、诊断等功能。

2. 应用软件

应用软件（application software，AS）是用户可以使用的各种程序设计语言，以及用各种程序设计语言编制的应用程序的集合，分为应用软件包和用户程序。应用软件包是利用计算机解决某类问题而设计的程序的集合，供多用户使用。它可以拓宽计算机系统的应用领域，放大硬件的功能。应用软件是为了某种特定的用途而开发的软件。

应用软件种类繁多，功能、使用方法、软件对系统的要求、软件的大小等各不相同，常用软件简单介绍如下。

（1）办公软件

主要用于无纸化自动办公。例如，Office、WPS 等。

（2）多媒体编辑

主要用于对图形图像、动画、音频和视频文件进行创作和加工。例如，Photoshop（图像处理软件）、ACDSee（看图工具）、GIF Movie Gear（动态图片处理工具）、Picasa（图片管理工具）、Flash（动画处理软件）、Adobe Premiere（视频处理软件）等。

（3）媒体播放软件

应用于查看、修改、播放音频或视频文件。例如，Adobe Flash Player、Power DVD、Real player、Windows Media Player 等。

（4）通信工具

常用软件有 QQ、WhatsApp、Messenger、Skype 及微信等。

（5）防火墙和杀毒软件

常用软件有 360 安全卫士、金山毒霸、卡巴斯基、江民、瑞星、诺顿等。

应用软件众多，除以上类型外，还有翻译软件、网页制作软件、输入法软件、阅读软件、系统优化软件、下载软件、压缩软件、系统恢复软件等。

小　结

本章介绍了计算机的基础知识，包括第一台电子计算机、计算机发展历史、计算机的特点与分类以及现代信息技术的基础知识和内容，提出了未来计算机技术的发展趋势，介绍了云计算、物联网、人工智能等当前计算机科学领域的多个前沿技术。

本章还介绍了计算机系统的组成。计算机系统由硬件系统和软件系统两部分所组成，其中硬件是计算机系统的物质基础，软件是计算机系统的灵魂。现在的计算机仍然采用冯·诺·依曼提出的"存储程序和程序控制"的基本工作原理，计算机包含运算器、控制器、存储器、输入和输出设备五大功能部件，数据在计算机内部均采用二进制形式存储。

习　题

1. 世界上第一台计算机叫什么名字？它在何时何地诞生？

2. 计算机的发展经历了哪几个阶段？第一台具有现代意义的计算机是什么？

3. 未来计算机的发展趋势是什么？计算机科学领域的新技术有哪些？请举例说明。

4. 目前计算机科学领域的前沿技术有哪些？

5. 一个完整的计算机系统由哪些部分所组成？

6. 计算机内部的信息为什么采用二进制编码来表示？

7. 存储器为什么分内存储器和外存储器？简述它们之间的区别。

第 2 章

操作系统

操作系统是计算机系统中最基本、最重要的系统软件，负责控制和管理计算机的硬件资源和软件资源，并为用户提供操作界面。本章主要介绍操作系统的概念、分类、功能和常用操作系统简介。目前在微型计算机中广泛使用的 Windows 10 操作系统的主要功能和使用方法，主要包括操作系统的概念、分类、功能和常用操作系统简介；Windows 10 操作系统的文件管理功能、磁盘管理功能和程序管理功能；Windows 10 操作系统的常用设置与维护等内容。

2.1 操作系统概述

2.1.1 操作系统的概念

操作系统（operating system, OS）是计算机系统中控制其他程序运行，管理各种硬件资源和软件资源，并为用户提供操作界面的系统软件。

在计算机系统中，操作系统位于硬件和用户之间，一方面，它管理着计算机的硬件资源，为其他应用软件提供开发和运行的环境；另一方面，它又为用户提供了友好的操作界面，使用户无须了解过多的硬件细节就能方便灵活地使用计算机。

操作系统可以按不同的分类方式分成很多类，但绝大部分都是多任务操作系统。例如：按应用领域可分为桌面操作系统、服务器操作系统、主机操作系统和嵌入式操作系统等；按所支持的用户可分为单用户和多用户操作系统；按源码开放程度可以分成开源操作系统和不开源操作系统；按硬件结构可以分成网络操作系统、分布式系统和多媒体系统等；按使用环境和对作业的处理方式可以分为批处理系统、分时系统、实时系统等。

2.1.2 操作系统的功能

操作系统的主要任务是调度、分配系统资源，管理各种设备。它的功能包括：进程与处理器管理、存储管理、设备管理、文件管理和接口管理。

1. 进程与处理器管理

进程是一个具有独立功能的程序的一次动态执行过程。一个进程就代表一个正在执行的程序。

进程管理是指操作系统对每一个执行的程序都会创建一个进程，并为该进程分配内存、CPU 和其他资源，它主要包括创建进程、撤销进程、挂起进程、解除挂起、阻塞进程、唤醒进程、调度进程等功能。由于进程只是程序的一个动态执行过程，因此，当程序结束运行时，为该程序本次执行建立的进程就消亡了。

处理器就是 CPU，处理器管理就是指对 CPU 使用的管理，也称处理器调度。在一个允许多道程序同时执行的系统里，操作系统会根据一定的策略将处理器交替地分配给系统内等待运行的程序。一道等待运行的程序只有在获得了处理器后才能运行。一道程序在运行中若遇到某个事件，例如启动外部设备而暂时不能继续运行下去，或一个外部事件的发生等，操作系统就要来处理相应的事件，然后将处理器重新分配。

2. 存储管理

存储管理主要是指操作系统对计算机内存空间的分配、保护和扩充。

凡是要运行的计算机程序，都必须先调入内存，因为在内存中，既有操作系统，又有其他的应用程序，那么如何为这些程序合理地分配内存空间，使它们的存储区域能够互不冲突。同时，在程序执行结束后，可以将它占用的内存单元收回以便再使用，这就是内存的分配功能。

由于有多个程序在内存中运行，因此要保证一个程序在执行过程中不会有意或无意地破坏其他程序，这就是内存保护功能。存储保护目的在于为多个程序共享内存提供保障，使在内存中的各道程序，只能访问它自己的区域，避免各道程序间相互干扰。特别是当一道程序发生错误时，不至于影响其他程序，防止破坏系统程序。

如果内存空间不足，操作系统还可以通过"虚拟存储技术"将内存和一部分外存空间构成一个整体，为用户提供一个比实际物理内存大得多的"虚拟内存"，这就是内存扩充功能。在虚拟存储系统中，一个程序执行时首先被调入虚拟内存（实际上是外存储器中的某一特殊空间），然后就完全由内存管理程序进行管理和调度。操作系统会根据一定的算法，将当前要执行的程序由虚拟内存调入内存，而将暂时不执行的程序由内存送回虚拟内存，并始终保证要执行的程序都在内存。

3. 设备管理

在计算机系统硬件配置中，除了处理器和内存储器外所有机器硬件统称外部设备。这些外部设备是计算机系统与外部进行信息交换的工具，负责计算机与外部的输入和输出工作。由于外部设备种类繁多，各自的特性和操作方式又有很大的区别，因此管理系统中所有的设备，使之有效和有条不紊地工作，能协调各个程序对设备的请求，实现具体的 I/O 操作。

设备管理功能主要是指操作系统分配和回收外部设备以及控制外部设备按用户程序的要求进行操作等。对于非存储型的外部设备，例如打印机、显示器等，它们可以直接作为一个设备分配给一个用户程序，在使用完毕后回收以便给另一个需求的用户使用。对于存储型的外部设备，例如磁盘、光盘等，则是提供存储空间给用户，用来存放文件和数据。

4. 文件管理

文件管理是指操作系统向用户提供一个文件系统，文件系统可以向用户提供创建文件、撤销文件、读写文件、打开和关闭文件等功能。文件系统可以认为是操作系统中负责操纵和管理文件的一整套设施，它由管理文件所需的数据结构（例如文件控制块，存储分配表等）和相应的管理软件以及访问文件的一组操作组成，实现文件的共享和保护，方便用户"按名存取"。即有了文件系统后，文件的存取和管理，都由操作系统来完成，用户通过文件名就能访问文件，而无须知道文件的存储细节。

在计算机系统中，各种数据信息都是以"文件"形式存在的。为了分类管理这些文件，操作系统提供了一个树形目录结构，允许用户将文件分类存放在不同的目录中。在 Windows 操作系统中，用"文件夹"取代了 DOS 下的"目录"概念，显得更加形象。

文件的共享和保护也是文件管理中的重要问题。用户可以通过操作系统提供的权限管理功能，为不同的文件设置不同的访问权限，以保证数据的安全，实现公共数据的共享。

5. 接口管理

操作系统向用户提供了两种接口。一种是命令接口，通过提供一组命令或图形界面，供用户方便地使用计算机。另一种是程序接口，即系统提供了一组"系统调用"供用户在编程时调用，通过这些调用，用户可以在程序中访问系统的一些资源（包括文件），或者要求操作系统完成一些特定的功能。

2.1.3　常见操作系统类型和常用操作系统

1. Windows 操作系统

Windows 操作系统是微软开发的、以单用户为核心的窗口图标式桌面操作系统，主要有 Windows 95、Windows 98、Windows Me、Windows 2000、Windows XP、Windows 2003、Windows Vista、Windows 7、Windows 8、Windows 10、Windows 11 等多个版本。对于服务器，微软则开发了相应的 Windows Server 版本，主要有 Windows NT 、Windows Server 2000、Windows Server 2003、Windows Server 2008、Windows Server 2016、Windows Server 2019、Windows Server 2022 等。

Windows 操作系统具有很多优点，如全部采用图形界面，使用方便；是一个多任务的操作系统，可以同时运行多个应用程序；支持硬件的即插即用（PNP）；支持虚拟内存；具有强大的网络功能，可以组建对等网络，访问网络资源；使用鼠标右键向用户提供快捷菜单，指导用户操作计算机等。

目前，个人计算机上使用得最多的桌面操作系统是微软公司研发的跨平台操作系统 Windows 10 和 Windows 11 这两个版本。2.2 节将具体介绍 Windows 10 操作系统的使用。

2. NetWare 操作系统

NetWare 是 Novell 公司推出的一个支持多任务、多用户的网络操作系统，目前常用的版本是 3.11、3.12 和 4.10 、V4.11，V5.0 等中英文版本。而主流的是 NetWare 5 版本，支持所有的重要台式操作系统（DOS、Windows、OS/2、UNIX 和 Macintosh）以及 IBM SAA 环境，为需要在多厂商产品环境下进行复杂的网络计算的企事业单位提供了高性能的综合平台。NetWare 是具有多任务、多用户的网络操作系统，它的较高版本提供系统容错能力（SFT）。使用开放协议技术（OPT），各种协议的结合使不同类型的工作站可与公共服务器通信。多任务是指可以使多个程序同时并独立地运行，多用户是指多个用户可以互不影响地使用计算机。

Netware 最重要的特征是基于模块设计思想的开放式系统结构，可以方便地对其进行扩充。对不同的工作平台（如 DOS、OS/2、Macintosh 等），不同的网络协议环境（如 TCP/IP）以及各种工作站，Netware 提供了一致的服务。

NetWare 对计算机的硬件要求比较低，现在使用的计算机都可以满足要求。因此，任何一种 PC 都可用作服务器，而不需要专用服务器。NetWare 兼容 DOS 命令，应用环境与 DOS

相似，对无盘站和游戏的支持较好，广泛应用于教学网和游戏网吧。

3. UNIX、Linux 操作系统

UNIX 和 Linux 是两个功能强大，用法类似的多用户、多任务操作系统，支持多种处理器架构。

UNIX 最早由 KenThompson、DennisRitchie 和 DouglasMcIlroy 于 1969 年在 AT ＆ T 的贝尔实验室开发，具有技术成熟、可靠性高、网络和数据库功能强、伸缩性突出和开放性好等特色，可满足各行各业的实际需要，曾经是服务器操作系统的首选。但对普通用户来说，UNIX 使用起来比较复杂。

Linux 是在 UNIX 基础上发展起来的、完全免费的操作系统。Linux 的源代码完全公开，用户可以通过网络或其他途径免费获得，并可以任意修改其源代码。这让 Linux 吸收了无数程序员的精华，不断壮大。Linux 完全兼容 POSIX1.0 标准，使得在 Linux 下可以通过相应的模拟器运行常见的 DOS、Windows 的程序。

4. 苹果 Mac OS

Mac OS 是一套运行于苹果 Macintosh 系列计算机上的基于 UNIX 内核的图形化操作系统，是苹果机的专用操作系统。一般情况下，在普通 PC 上无法安装。Mac OS 是首个在商用领域成功的图形用户界面，现行最新的版本是 Mac OS 13.4.1 版。

5. 国产操作系统

我国自主研发的操作系统，如鸿蒙（Harmony OS）、深度（Deepin）、银河麒麟等都是比较常见的国产操作系统。由于操作系统的厂商很容易取得用户的各种敏感信息，谁掌控了操作系统，就掌握了设备上所有的操作信息。处于信息时代的今天，我国对于全自主研发的操作系统是势在必行的。

（1）鸿蒙操作系统（Harmony OS）

鸿蒙操作系统是华为公司开发的一款基于微内核、耗时 10 年、4 000 多名研发人员投入开发、面向 5G 物联网、面向全场景的分布式操作系统。鸿蒙不是安卓系统的分支或修改而来的，其在性能上不弱于安卓系统，而且华为还为基于安卓生态开发的应用能够平稳迁移到鸿蒙操作系统上做好了衔接——差不多两天就可以将相关系统及应用迁移到鸿蒙操作系统上。这个新的操作系统将打通手机、计算机、平板、电视、工业自动化控制、无人驾驶、车机设备、智能穿戴统一成一个操作系统，创造一个超级虚拟终端互联的世界，将人、设备、场景有机联系在一起。该系统是面向下一代技术而设计的，能兼容全部安卓的所有 Web 应用。鸿蒙操作系统架构中的内核会把之前的 Linux 内核、鸿蒙操作系统微内核与 LiteOS 合并为一个鸿蒙操作系统微内核。由于鸿蒙系统微内核的代码量只有 Linux 宏内核的千分之一，其受攻击概率也大幅降低。

（2）深度操作系统（Deepin OS）

深度操作系统由专业的操作系统研发团队和深度技术社区共同打造，其名称来自深度技术社区名称"deepin"一词，意思是对人生和未来深刻的追求和探索。深度操作系统是基于 Linux 内核，以桌面应用为主的开源 GNU/Linux 操作系统，支持笔记本、台式机和一体机。深度操作系统包含深度桌面环境（DDE）和 40 多款应用软件，支撑广大用户日常的学习和工作。另外，通过深度商店还能够获得近 4 万款应用软件的支持，满足用户对操作系统的扩展需求。

深度操作系统是中国第一个具备国际影响力的 Linux 发行版本，深度操作系统支持多种语言，用户遍布除了南极洲的其他六大洲。深度桌面环境和大量的应用软件被移植到了 Fedora、Ubuntu、Arch 等十余个国际 Linux 发行版和社区。

（3）银河麒麟操作系统（Kylin OS）

银河麒麟操作系统原是在"863 计划"和国家核高基科技重大专项支持下，由国防科技大学研发的操作系统，后由国防科技大学将品牌授权给天津麒麟，后者在 2019 年与中标软件合并为麒麟软件有限公司，继续研制以 Linux 为内核的操作系统。银河麒麟已经发展为以银河麒麟服务器操作系统、桌面操作系统、嵌入式操作系统、麒麟云、操作系统增值产品为代表的产品线。为攻克中国软件核心技术"卡脖子"的短板，银河麒麟建设自主的开源供应链，发起中国首个开源桌面操作系统根社区 openKylin，银河麒麟操作系统以 openKylin 等自主根社区为依托，发布最新版本。

2.2 Windows 10操作系统概述

Windows 10 是微软公司推出的操作系统，相较于以往的 Windows 操作系统，无论是系统界面，还是性能和可靠性方面，Windows 10 都进行了很大的改进。加强 Windows 用户账户认证和访问控制权限控制，使用 Windows Bit Locker 进行驱动器加密。通过 Windows 控制面板中的"备份和还原"功能可以保护系统由于病毒或黑客攻击等原因无法正常、稳定地运行，避免由于系统意外的损失造成数据丢失或破坏。在系统备份时，建议在系统功能正常，安装了常用的应用软件，确保没有病毒或木马的情况下进行备份。

2.2.1 Windows 10 的基本操作

1. Windows 10 桌面

桌面指 Windows 所占的屏幕空间，是 Windows 的操作平台。对系统进行的所有操作，都是从桌面开始的。Windows 10 桌面如图 2.1 所示。

图 2.1　Window 10 桌面

（1）桌面个性化

　　右击桌面，在弹出的快捷菜单中选择"个性化"命令，或在控制面板中单击"个性化"链接，打开"个性化"窗口，如图 2.2 所示。可以通过下方的"背景""颜色""锁屏界面""主题"等链接进行个性化设置，还可以将这些设置后的效果保存为自己的主题。

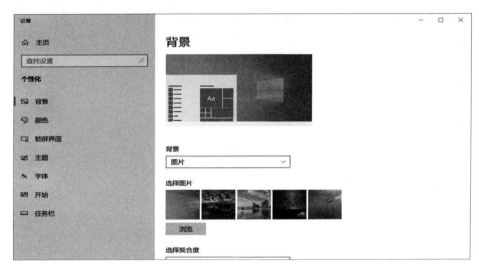

图 2.2　"个性化"窗口

（2）桌面图标

　　桌面图标可以分为 Windows 10 系统图标和快捷方式图标两类。可单击"个性化"窗口中"主题"下的"更改桌面图标"超链接，在弹出的"桌面图标设置"对话框中添加和更改系统图标，如图 2.3 所示。

图 2.3　"桌面图标设置"对话框

快捷方式是 Windows 提供的一种快速启动程序、打开文件或文件夹的方法。它和程序既有区别又有联系。快捷方式图标的左下角有一个小箭头圆，它是指向程序、文件或文件夹的图标，它并不是实质性的程序、文件或文件夹。右击桌面，在弹出的快捷菜单中选择"新建"→"快捷方式"命令，在打开图 2.4 所示的对话框中，根据向导选择快捷方式指向对象的位置，可输入位置也可通过单击"浏览"按钮选择文件，选择好文件后根据提示输入快捷方式名称即可。

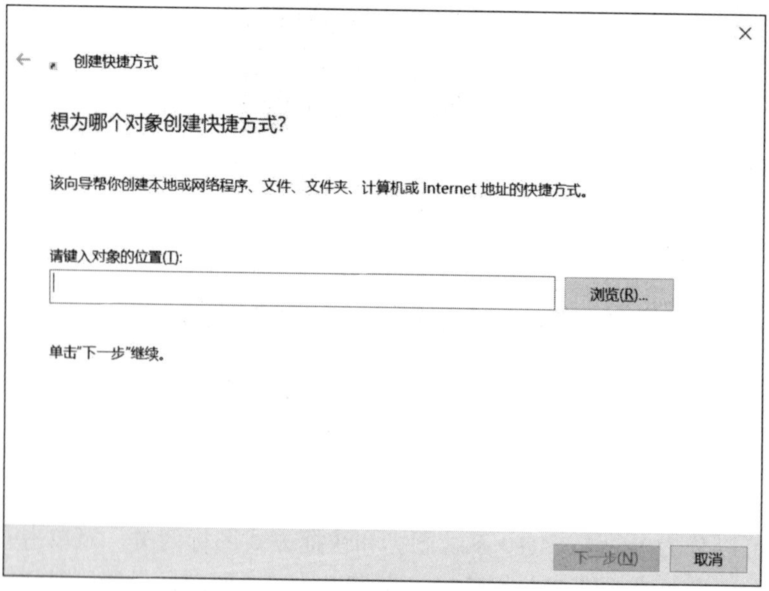

图 2.4　创建快捷方式

其他常用创建桌面快捷方式的方法有如下方式。

①在资源管理器中，选择对象快捷菜单中的"发送到"→"桌面快捷方式"命令。

②在资源管理器中，拖动应用程序到桌面。

③在"开始"菜单中拖动程序图标到桌面。

此外，可通过桌面快捷菜单的"查看""排序方式"命令排列桌面图标，还可以删除一些不必要的图标。

（3）"开始"菜单

"开始"菜单由位于屏幕左下角的"开始"按钮启动，是 Windows 桌面的一个重要组成部分，用户对计算机所进行的各种操作，主要是通过"开始"菜单进行的，如打开窗口、运行程序等。"开始"菜单的功能布局如图 2.5 所示。

①常用程序列表。通常"开始"菜单的左窗格显示常用程序列表，是"开始"菜单最近调用过的程序跳转列表，分为锁定和非锁定区，由半透明线分隔，可以添加、锁定、解锁、删除程序列表项。

当单击"所有程序"时显示系统已安装的所有程序列表，且无论程序列表中有多少快捷方式，都不会超出当前"开始"菜单的显示范围，此时"所有程序"显示为"返回"，单击"返回"按钮，则关闭"所有程序"列表，返回常用程序列表。

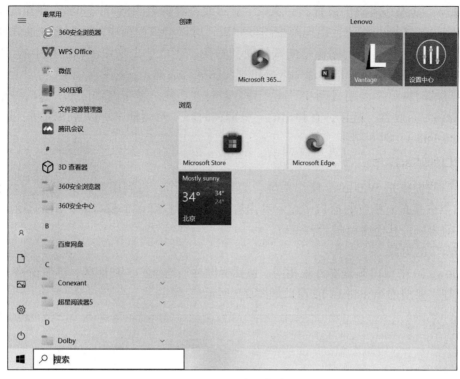

图 2.5　"开始"菜单

②"搜索程序和文件"文本框。通过输入搜索内容可在计算机上查找程序和文件，此时左窗格显示搜索结果，且搜索结果是动态筛选的，用户输入搜索内容的第一个字符时，筛选就开始了。

另外，"搜索程序和文件"文本框兼容了 Windows 旧版本中"运行"对话框的功能，所有的运行命令在这里都有效。

（4）任务栏

任务栏包括"开始"按钮、任务按钮区、语言栏、通知区域、显示桌面按钮等，如图 2.6所示。

图 2.6　Windows 10 任务栏

①任务按钮区。放置固定在任务栏上的程序和当前所有打开的程序、文档或窗口对应的工作按钮，用于快速启动相应程序或在任务窗口间进行切换。

通过拖动程序图标到任务栏，可以将使用频率较高的应用程序添加到任务栏。通过任务按钮快捷菜单中的"将此程序从任务栏解锁"命令，可以将不需要的程序图标从任务栏移除。用户也可以拖动任务按钮，改变其在任务栏的显示位置。

②通知区域。Windows 操作系统中，一些运行中的应用程序及系统音量、网络图标等会显示在任务栏右侧的通知区域。鼠标指向图标时会显示该图标的名称或设置的状态，单击图标会打开相关的程序或设置。

随着通知区域图标数量的增多，可以将一些不常用的图标隐藏，以增加任务栏的可用空间。Windows 10 操作系统中设置图标隐藏、显示或查看隐藏图标可以全部在通知区域中进行操作。单击通知区域的按钮，出现隐藏图标面板，可以将该面板中的图标拖向通知区域，使其显示出来。也可将显示的图标拖向按钮使其隐藏。还可单击隐藏图标面板中的"自定义"链接，在打开的控制面板中选择通知区域出现的图标和通知。

任务栏的时钟显示当前日期和时间，具有多时钟功能。单击时钟区域，在时钟框中单击"更改日期和时间设置"链接，在弹出的"日期和时间"对话框中可以更改时间、附加时钟，还可设置与 Internet 时间同步。

2. 窗口的基本操作

对窗口的操作是 Windows 操作系统中最频繁的操作，每当用户打开程序、文件或文件夹时，都会在桌面上相应的窗口中显示其内容。当同时打开多个窗口时，用户当前操作的窗口称为活动窗口，其他窗口是后台窗口。

（1）窗口的组成

Windows 10 中窗口的基本外观相同，包括标题栏、地址栏、功能区、导航窗格、工作区、细节窗格等。典型的 Windows 10 窗口如图 2.7 所示。

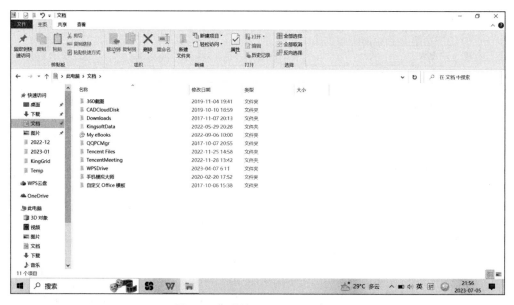

图 2.7　典型的 Windows 10 窗口

①标题栏：显示窗口的标题名称，右侧的控制按钮区分别控制窗口的"最小化"、"最大化 / 还原"和"关闭"。

②地址栏：显示当前内容的地址或路径。

③搜索框：对当前位置的内容进行搜索，搜索结果与关键字相匹配的部分以黄色高亮显示，使用户可以快速找到所需的文件或文件夹。

④功能区：包含若干功能项，每一个功能项都对应某类操作。若窗口上没有功能区，则按【Ctrl+F1】组合键可显示功能区，或单击右上角箭头 进行展开和关闭。

⑤导航窗格：提供"收藏夹""库""计算机""网络"等选项，用户可以单击任意选项快速跳转到相应的目录。

⑥工作区：显示当前窗口中的内容，当内容超出窗口的显示空间时，工作区右侧和下方会出现滚动条。

⑦预览窗格：当用户选中文件时，预览窗格会调用与文件相关联的应用程序进行预览，如预览使用图标无法预览的音乐文件。通过"查看"选项卡下的"窗格"组中的"预览窗格"按钮可以显示／隐藏该窗格。

⑧细节窗格：用于显示选中对象的详细信息。

（2）窗口的基本操作

窗口的基本操作包括调整窗口大小、移动窗口、切换窗口等。

切换窗口：单击要进行操作的窗口的可见部分，或单击任务栏中该窗口对应的按钮（或缩略窗口预览面板中的缩略窗口）即可将该窗口切换为活动窗口，也可使用【Alt+Tab】、【Alt+Shift+Tab】、【Alt+Esc】组合键切换窗口。使用【Alt+Tab】或【Alt+Shift+Tab】组合键切换时，切换面板中会显示窗口的缩略图，窗口切换面板如图 2.8 所示。

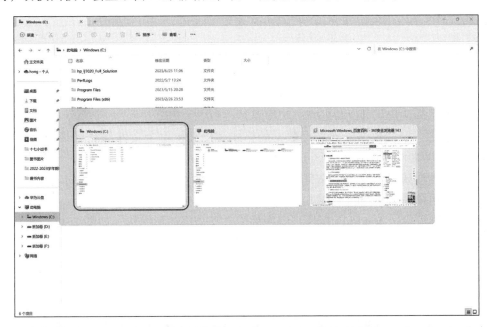

图 2.8　窗口切换面板

2.2.2　Windows 10 的资源管理

1. 文件与文件夹的基本概念

计算机中的所有资源都是以文件的形式组织存放的，文件夹则用于对文件进行分类管理。

文件在计算机中使用"文件名"来进行识别。文件名由文件主名和扩展名两部分组成，扩展名代表文件格式的类型，它们之间由一个小圆点隔开。在 Windows 操作系统下，文件主名可由 1 ~ 255 个字符组成，不能出现"＼""／"":""*""?""＜""＞""｜"等特殊字符，扩展名至多有 188 个字符，通常由 1 ~ 4 个字符组成。表 2.1 中列出了常见的扩展名对应的文件类型。

表 2.1   常见的扩展名及对应文件类型

扩展名	文件类型	扩展名	文件类型
.exe	可执行文件	.txt	文本文件
.sys	系统文件	.xls/.xlsx	电子表格文件
.ini	系统配置文件	.bmp	位图文件
.dll	动态链接库文件	.jpg	压缩图像文件
.bak	备份文件	.mp3	音频文件
.dbf	数据库文件	.avi	视频文件
.rar	压缩文件	.htm	网页文件

为了同时处理一组文件或文件夹，Windows 10 提供了两个通配符"?"和"*"，其中"?"代替任意一个字符，"*"可代替任意一串字符。

文件都包含一定的数据，而根据数据的格式和意义，每个文件都具有某种特点的类型。Windows 10 利用文件的扩展名来区分每个文件的类型。在 Windows 10 中，每个文件在打开前都是以图标的形式显示。每个文件的图标可能会因为文件类型不同而不同，而系统正是以不同的图标向用户提示文件的类型。

文件夹也称目录，Windows 操作系统中的文件夹采用树形结构，如图 2.9 所示。

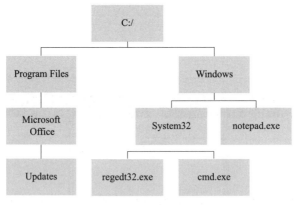

图 2.9   树形文件夹结构

文件夹中包含文件或下一级文件夹，可以通过文件夹对不同的文件进行归类管理。访问文件时，需要知道文件的路径。文件路径分为绝对路径和相对路径。绝对路径是从根目录开始到某个文件的完整路径；相对路径是从当前目录开始到某个文件的路径。

2. 文件及文件夹操作

利用资源管理器可以方便地对文件及文件夹进行各种管理操作，包括复制、移动、删除、搜索等操作。这些是用户使用计算机时最频繁的操作。

（1）选择文件或文件夹

对文件或文件夹进行操作前，必须先选择该文件或文件夹。单击可以选择某个项目；选择一个项目后，按住【Shift】键，再单击其他项目可选取连续项目，或者直接按住鼠标左键拖动鼠标，拖动范围内的项目即全部被选中；选择一个项目后，按住【Ctrl】键，再单击其他项目，被单击的项目将全部被选中；按【Ctrl+A】组合键可选中当前窗口中的全部项目。

（2）创建文件夹

创建文件夹前要选定需要创建文件夹的位置，单击"主页"选项卡"新建"组中的"新建文件夹"按钮，或右击并在弹出的快捷菜单中选择"新建"→"文件夹"命令，输入文件夹名后按【Enter】键即可。

（3）移动文件及文件夹

将文件或文件夹从一个文件夹转移到另一个文件夹，操作步骤如下：

选定要移动的文件或文件夹，选择"主页"选项卡中的"组织"→"移动到"命令或"主页"选项卡中的"剪贴板"→"剪切"命令或按【Ctrl+X】组合键，在目标文件夹中选择"剪贴板"→"粘贴"命令或按【Ctrl+V】组合键，即可完成移动操作。

另外，如果在同一个驱动器中的不同文件夹间移动，可以直接用鼠标选中文件或文件夹并拖到目标位置。如果在不同驱动器之间移动，拖动时需按住【Shift】键。

（4）复制文件及文件夹

文件或文件夹的备份可以通过复制操作来完成，操作步骤如下：

选定要复制的文件或文件夹，选择"主页"选项卡中的"组织"→"复制到"命令或"主页"选项卡中的"剪贴板"→"复制"命令或按【Ctrl+C】组合键，在目标文件夹中选择"剪贴板"→"粘贴"命令或按【Ctrl+V】组合键，即可完成复制操作。

另外，如果在同一个驱动器中的不同文件夹间复制，用鼠标选中对象后，拖动时需按住【Ctrl】键。如果在不同驱动器之间复制，直接将文件或文件夹拖到目标位置即可。

（5）删除文件及文件夹

选中要删除的文件或文件夹，按【Delete】键或选择"组织"→"删除"命令，或右击文件或文件夹并在弹出的快捷菜单中选择"删除"命令，在"确认删除"对话框中单击"是"按钮，即可将该对象放入回收站。

如果想物理删除硬盘上的对象而不放入"回收站"，在选择"删除"命令的同时按住【Shift】键即可。

（6）重命名文件及文件夹

选中要重命名的文件或文件夹，按【F2】键或者选择"组织"→"重命名"命令，或右击文件或文件夹并在弹出的快捷菜单中选择"重命名"命令，在文本框中输入新名称后按【Enter】键即可。

（7）压缩与解压缩文件

压缩文件可以节省文件所占的存储空间，压缩后的文件不能直接打开，需要解压缩后才能打开它们。

安装 WinRAR 软件后，在进行文件压缩时，只需右击该文件，在弹出的快捷菜单中选择压缩文件的命令即可。压缩命令包括"添加到压缩文件""添加到'xxxx.rar'""其他压缩命令"。选择"添加到压缩文件"命令后，打开"压缩文件名和参数"对话框，可以设置不同的压缩选项。

对文件进行解压缩也称释放文件。右击压缩文件，在弹出的快捷菜单中选择解压文件的命令。解压缩命令包括"解压文件""解压到当前文件夹""解压到 xxx"。选择"解压文件"命令后打开"解压路径和选项"对话框，可以设置不同的解压缩选项。

3. 剪贴板

剪贴板是将信息从一个地方复制或移动并用在其他地方的临时存储区域。可以选择文本或图形，然后使用"剪切"或"复制"命令将所选内容移至剪贴板，在使用"粘贴"命令将该内容插入到其他地方之前，它会一直存储在剪贴板中。大多数 Windows 程序中都可以使用剪贴板，剪贴板一次只能保留一条信息，每次将信息复制到剪贴板时，剪贴板中的旧信息均由新信息所替换。

按【Print Screen】键可以将整个桌面画面送至剪贴板，按【Alt ＋ Print Screen】键可以将当前活动窗口的界面送至剪贴板。

2.2.3　Windows 10 的程序管理

1. 任务管理器

Windows 任务管理器提供正在计算机上运行的程序和进程的相关信息。利用任务管理器可以查看正在运行的程序的状态、切换程序、终止已停止响应的程序、运行新任务，还可以查看 CPU 和内存的使用情况。

右击任务栏，在弹出的快捷菜单中选择"任务管理器"命令，或按【Ctrl+Alt+Del】组合键，选择"任务管理器"命令，都可以启动"任务管理器"窗口，如图 2.10 所示。

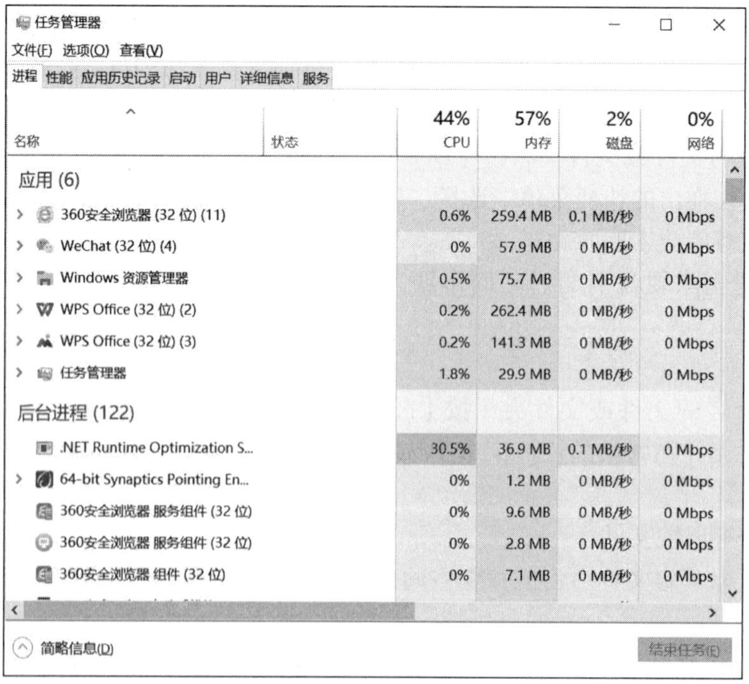

图 2.10　"任务管理器"窗口

2. 应用程序的安装与管理

程序以文件的形式存储在外存储器上，对应用程序的操作有启动、关闭、程序间切换等。

（1）应用程序的安装

直接运行应用程序安装文件，通常是 Setup.exe 或 Install.exe，便可启动安装向导，根据向导提示可完成应用程序的安装。

①右击"Office 2016"，在弹出的快捷菜单中选择"解压到'Office 2016\'（E）"命令，如图 2.11 所示。

图 2.11　"解压 Office 2016"窗口

②双击打开"Office 2016"文件夹，在 setup 可执行文件上右击，在弹出的快捷菜单中选择"以管理员身份运行"命令，如图 2.12 所示。

图 2.12　"安装 Office 2016"窗口

③软件正在进行安装，请耐心等待，如图 2.13 所示。

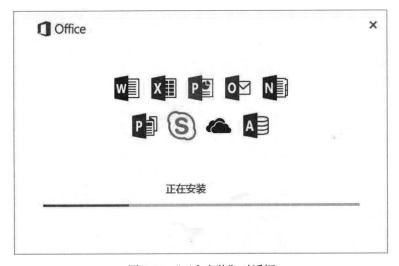

图 2.13　"正在安装"对话框

④安装完成，单击"关闭"按钮，如图 2.14 所示。

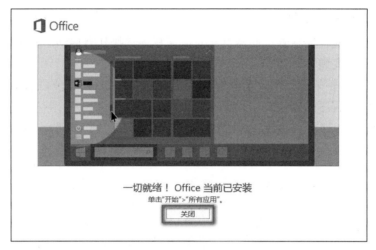

图 2.14　"安装完成"对话框

（2）应用程序的切换与关闭

多个应用程序之间的切换可以通过【Alt+Tab】组合键或【Alt+Shift+Tab】组合键实现，还可以通过任务栏中的应用程序按钮或任务管理器窗口中的"切换至"按钮实现。

常用的应用程序关闭方法有：

①按【Alt+F4】组合键。

②单击窗口标题栏右侧的"关闭"按钮。

③选择"文件"→"退出"命令。

④在任务管理器中单击"结束任务"按钮。

（3）应用程序的查看与管理

双击 Windows 10 控制面板中的"程序和功能"图标，可切换到"卸载或更改程序"界面，如图 2.15 所示。该界面与 Windows 10 资源管理器类似，可以通过图标、列表、详细信息等方式查看当前系统中已经安装的应用程序，还可以通过窗口右上角的搜索框进行搜索。

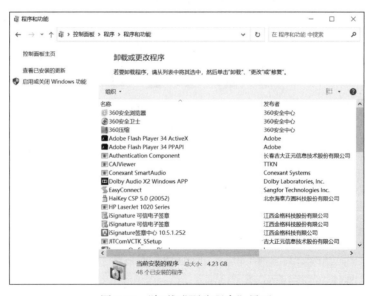

图 2.15　"卸载或更改程序"界面

3. 运行应用程序

启动应用程序的常用方式有：

①双击应用程序的快捷方式，或右击快捷方式并在弹出的快捷菜单中选择"打开"命令。

②在"开始"菜单（或其子菜单）或任务栏中单击程序对应的快捷方式。

③在"开始"菜单的"搜索程序和文件"文本框中输入要运行的程序的名称。

④在任务管理器的"应用程序"选项卡中单击"新任务"按钮，在弹出的"创建新任务"对话框中输入要运行的程序的名称。

若所安装的应用程序版本过于陈旧，在 Windows 10 操作系统中可能存在不兼容的问题，此时需要根据程序所对应的操作系统版本选择一种兼容模式来运行程序，可以手动选择，也可以让 Windows 10 操作系统自动选择。手动选择可通过应用程序的"属性"命令来设置，在"兼容性"选项卡下选择合适的操作系统版本。通过选择应用程序快捷方式的快捷菜单中的"兼容性疑难解答"命令，根据向导可以自动选择兼容模式。

当用户执行的操作超越当前标准系统管理员权限范围时，系统会打开"用户账户控制"对话框，要求提升权限，用户应该主动以高级管理员的权限运行程序，在快捷菜单中选择"以管理员身份运行"命令。

- -

小知识： 用户账户控制（user account control, UAC）是微软为提高系统安全而使用的技术，它要求用户在执行可能会影响计算机运行的操作或执行更改其他用户的设置的操作之前，提供权限或管理员密码。UAC 可以帮助防止恶意软件或间谍软件在未经许可的情况下在计算机上进行安装或对计算机进行更改。

- -

2.2.4　Windows 10 的系统管理

1. 系统工具

安装 Windows 10 后，用户在使用计算机过程中的操作会使系统偏离最佳状态，因此需要经常性地进行系统维护，以加快程序运行。Windows 10 提供了多种系统维护工具，如磁盘清理、磁盘碎片整理、系统备份与还原等。

（1）磁盘清理

磁盘清理工具可以清除系统产生的临时文件，节约硬盘空间，提高系统效率，应该经常使用。选择"开始"→"所有应用"→"Windows 管理工具"→"磁盘清理"命令，打开图 2.16 所示的"磁盘清理：驱动器选择"对话框，选定要清理的驱动器并单击"确定"按钮，系统开始计算当前硬盘中可以释放的空间，在"磁盘清理"对话框中选择要删除的文件类型后开始清理磁盘。

也可以右击要清理的磁盘，在弹出的快捷菜单中选择"属性"命令，在属性对话框的"常规"选项卡下单击"磁盘清理"按钮，进行磁盘清理操作，如图 2.17 所示。

（2）磁盘碎片整理

Windows 提供了磁盘碎片整理程序，可以重新安排磁盘的已用空间和可用空间，不但可以优化磁盘的结构，而且明显提高了磁盘读 / 写的效率。打开图 2.18 所示的"优化驱动器"对话框，在"状态"列表中选择要整理的磁盘，单击"分析"按钮，会对磁盘的碎片进行分析并在磁盘信息右侧显示碎片的比例，然后单击"优化"按钮，开始对磁盘的碎片进行整理优化。

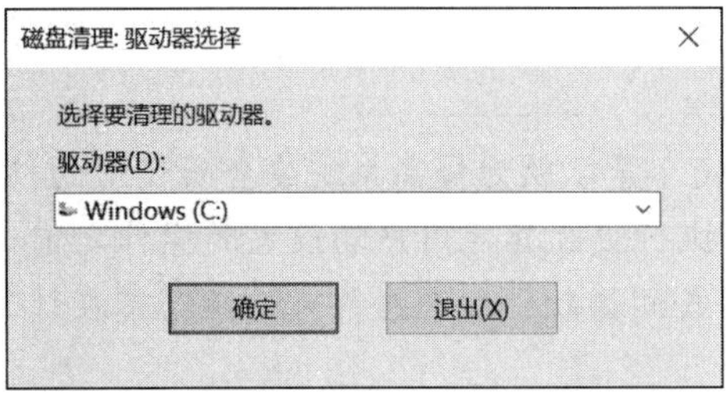

图 2.16 "磁盘清理：驱动器选择"对话框

图 2.17 "常规"选项卡

图 2.18 "优化驱动器"对话框

（3）格式化磁盘

当出现磁盘错误、计算机中毒等情况时，用户可以对磁盘进行格式化。右击要格式化的磁盘，在弹出的快捷菜单中选择"格式化"命令，打开图 2.19（a）所示的对话框，设置文件系统、卷标、格式化选项后单击"开始"按钮，在图 2.19（b）所示的提示对话框中单击"确定"按钮，即开始对磁盘进行格式化。

（a）格式化对话框

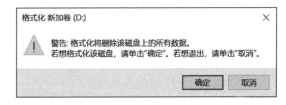

（b）格式化提示对话框

图 2.19 格式化磁盘

注意：格式化后，磁盘中原来的所有数据将被彻底删除，用户必须先确定磁盘中的数据或文件无用，对于有用的文件先移动到其他磁盘中。

▌ 小   结

本章介绍了 Windows 操作系统的概念及其功能介绍，操作系统的主要任务是调度、分配系统资源，管理各种设备。它的功能包括进程与处理器管理、存储管理、设备管理、文件管理和接口管理。

本章还主要介绍了 Windows 10 操作系统的桌面、窗口的操作等。计算机中所有资源均以文件形式存放，文件被放置在文件夹或磁盘中。文件及文件夹的操作包括创建、移动、复制、删除、重命名等。程序以文件的形式存储在外存储器上，应用程序的操作有启动、关闭、在程序间切换等。可以使用系统工具对系统进行维护，从而加快程序运行，常用的系统工具有磁盘清理、磁盘碎片整理等。

习　题

1. 什么是操作系统？它的主要功能是什么？

2. 在 Windows 10 中如何操作文件的复制、删除和重命名？删除的文件怎么样操作可以恢复？物理删除文件及文件夹的方法是什么？物理删除的文件能否恢复？

3. 简述在 Windows 10 操作系统中新建快捷方式的方法。

4. 简述在 Windows 10 操作系统中提供的一些系统维护工具的功能和用法。

5. 在 Windows 10 操作系统中，常用的应用程序的扩展名有哪些？分别对应哪些软件能够运行？

第3章

初识 Python

Python 作为最接近人工智能的语言，就好比一把进入人工智能编程之门的钥匙。Python 是全球最流行的编程语言之一，被各大互联网公司广泛使用，涉及 Web 开发、数据分析以及人工智能等领域。

本章让读者初识 Python 语言，简单介绍 Python 的特点，详细介绍 Python 版本和集成开发环境的选择和安装，阐述程序设计过程并使用 Python 语言编写程序展示实现过程，详细介绍 Python 的编程规范、输入 / 输出语句、赋值语句等基础知识。

3.1 遇见Python

Python 是由荷兰人吉多·范罗苏姆（Guido van Rossum）发明的一种面向对象的解释型计算机程序设计语言。Python 是纯粹的自由软件，语法简洁清晰，特色之一是强制使用空白符作为语句缩进。Python 具有丰富和强大的库，能够把用其他语言制作的各种模块很轻松地连在一起，因此常被称为"胶水语言"。

Python 不仅有完整的面向对象特性，还可以在多种操作系统下运行，如 Windows、Linux 及 Mac OS 等。Python 的程序代码简洁，并提供大量的程序模块，这些程序模块可以帮助用户快速创建网络程序。与其他的语言相比，Python 往往只需要数行程序代码就可以做到其他语言需要数十行程序代码才能完成的工作。

Python 的解释器是使用 C 语言写成的，程序模块大部分也是使用 C 语言写成的。Python 的程序代码是完全公开的，无论是作为商业用途还是个人使用，用户都可以任意地复制、修改或者传播这些程序代码。

3.2 选择Python

与 C++、Java、Perl 等编程语言相比，Python 的优点如下：

1. 简单易学

Python 的语法简洁易读，无论是初学者还是已经有数年软件开发经验的专家，都可以快速地学会 Python，并且创建出满足实际需求的应用程序。

2. 高支持性

Python 的程序代码是公开的，全世界有无数的人在搜索 Python 的漏洞并修改它，而且不断地新增功能，让 Python 成为更高效的计算机语言。

Python 是 FLOSS（自由 / 开放源码软件）之一。简单地说，用户可以自由地发布这个软件的拷贝、阅读它的源代码、对它做改动、把它的一部分用于新的自由软件中。FLOSS 是基于一个团体分享知识的概念。这是为什么 Python 如此优秀的原因之一——它由一群希望 Python 更优秀的人群创造并在不断改进。

3. 解释性

Python 提供内置的解释器，可以让用户直接在解释器内编写、测试与运行程序代码，而不需要额外的编辑器，也不需要经过编译的步骤。用户也不需要完整的程序模块才能测试，只需要在解释器内编写测试的部分即可。Python 解释器非常有灵活性，其允许用户嵌入 C++ 程序代码作为扩展模块。

注意：一个用编译型语言比如 C 或 C++ 写的程序可以从源文件（即 C 或 C++ 语言）转换到计算机使用的语言（二进制代码，即 0 和 1）。这个过程通过编译器和不同的标记、选项完成。当运行程序时，连接 / 转载器软件把程序从硬盘复制到内存中并且运行。而 Python 语言编写的程序不需要编译成二进制代码，可以直接从源代码运行程序。在计算机内部，Python 解释器把源代码转换成称为字节码的中间形式，然后再把它翻译成计算机使用的机器语言并运行。由于无须考虑如何编译程序、如何确保连接转载正确的库等问题，所以使用 Python 编写程序更加简单。只需要把 Python 程序复制到另外一台计算机上即可运行，这也使得 Python 程序更易于移植。

----

4. 可重用性

Python 将大部分的函数以模块（module）和类库（package）来存储。大量的模块以标准 Python 函数库的形式与 Python 解释器一起传输。用户可以先将程序分割成数个模块，然后在不同的程序中使用。

5. 高移植性

除了可以在多种操作系统中运行之外，不同种类的操作系统使用的程序接口也是一样的。用户可以在 Mac OS 上编写 Python 程序代码，在 Linux 上测试，然后加载到 Windows 上运行。当然这是对大部分 Python 模块而言的，还有少部分的 Python 模块是针对特殊的操作系统而设计的。

▌3.3　安装 Python

因为 Python 可以运行在常见的 Windows、Linux 等操作系统的计算机中，所以在安装 Python 之前，首先要根据不同的操作系统和系统的位数下载对应的 Python 版本。

3.3.1　在 Windows 下安装 Python

下面将介绍在 Windows 操作系统下 Python 安装和运行的方法。在浏览器地址栏中输入 Python 官网地址并按【Enter】键确认，进入 Python 下载页面，如图 3.1 所示。单击

Download Python → Windows 选项，在弹出的窗口中选择合适的版本单击即可下载，保存安装文件到指定的位置。

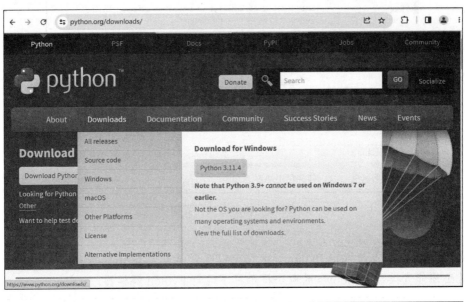

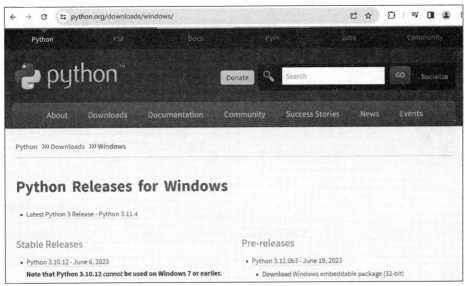

图 3.1　Python 下载页面

注意：本书中下载了 Python 3.8.0 版本，也可以选择下载其他版本。一般来说是选择 Windows 系统 64 位版本。

下载完毕后，即可安装 Python，具体操作步骤如下：

①运行 Python-3.8.0.exe，弹出安装对话框。Python 提供了两种安装方式，即 Install Now（立即安装）和 Customize installation（自定义安装），这里选择 Customize installation 选项，并选中 Add Python 3.8 to PATH 复选框，如图 3.2 所示。

图 3.2　Python 安装界面

注意：这里需要选中 Add Python 3.8 to PATH 复选框，这样可将 Python 添加到环境变量中，后面才能直接在 Windows 的命令提示符下运行 Python 解释器。

②进入"Optional Features（可选功能）"对话框，这里保持默认方式，单击 Next 按钮，进入下一页面，单击 Install 按钮开始安装。安装完成后显示安装完成对话框，单击 Close 按钮关闭对话框即可，如图 3.3 所示。

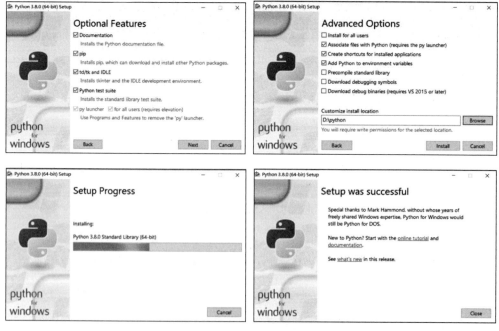

图 3.3　Python 安装选项

通过【Win+R】组合键打开"运行"对话框，如图 3.4 所示，在对话框中输入 cmd 并单击"确定"按钮进入命令行窗口。

在命令行窗口的命令提示符 > 下输入 "Python" 并回车，出现图 3.5 所示的 Python 版本号，并出现了 ">>>" 提示符表示 Python 已安装成功。

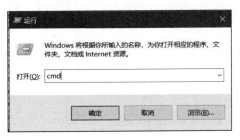

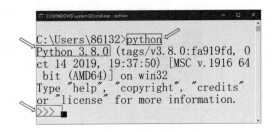

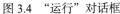

图 3.4　"运行" 对话框　　　　　　　图 3.5　命令行窗口启动 Python

3.3.2　安装 Python 的集成开发环境（PyCharm）

为了更高效地进行代码开发，可以选择集成开发环境（integrated development environment，IDE）。常用的 Python IDE 有 PyCharm、Sublime text、VScode 等，本书选择的 IDE 是 PyCharm。下面将介绍 PyCharm 安装和运行的方法。

①在浏览器地址栏中输入相应网址并按【Enter】键确认，进入 PyCharm 官网，如图 3.6 所示。

图 3.6　PyCharm 官网

②单击图 3.6 中的 DOWNLOAD 按钮进入下载页面，有 Professional 和 Community 两个版本。这里选择免费的 Community 版本，单击 Download 按钮下载，如图 3.7 所示，保存安装文件到指定的位置。

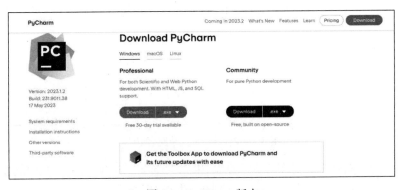

图 3.7　PyCharm 版本

③双击下载的安装文件 PyCharm-community-2023.1.2.exe，进入 PyCharm 安装对话框，如图 3.8 所示。

图 3.8　PyCharm 安装对话框

④单击图 3.8 中的 Next 按钮，进入选择安装路径对话框，用户可以选择安装路径，图 3.9 用的是默认的安装路径。

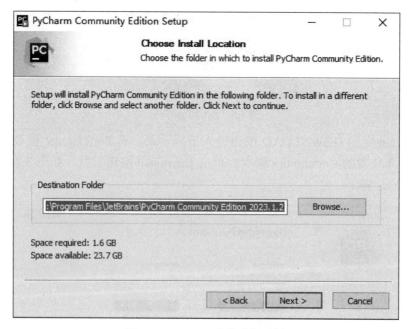

图 3.9　PyCharm 安装路径选择

⑤进入安装配置对话框，如图 3.10 所示，可以勾选配置选项，图 3.10 用的是默认的配置。建议新手可以选择在桌面添加快捷方式，快速启动 PyCharm。

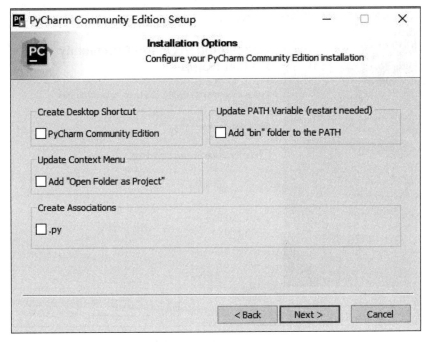

图 3.10　安装配置对话框

⑥单击图 3.10 中的 Next 按钮，进入设置启动菜单对话框，如图 3.11 所示，这里可以不做修改，使用默认的启动菜单。

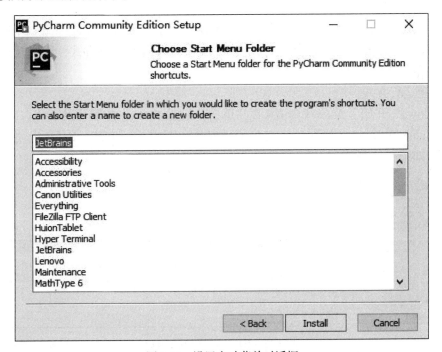

图 3.11　设置启动菜单对话框

⑦单击图 3.11 中的 Install 按钮，开始安装 PyCharm，当出现图 3.12 所示的对话框则说明 PyCharm 安装完成，单击 Finish 按钮即可。

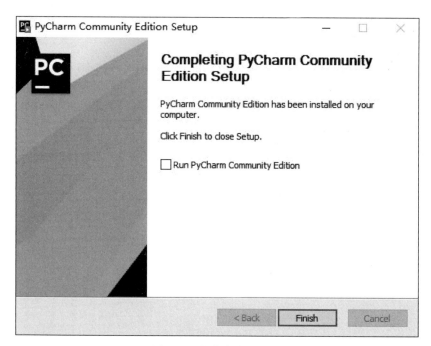

图 3.12　安装完成对话框

3.3.3　编写简单的程序

1. 在 IDLE 运行

在安装 Python 程序的同时可选择安装集成开发和学习环境（integrated development and learning environment, IDLE）。在 IDLE 下，Python 代码有两种运行方式，即交互运行方式和脚本运行方式。

（1）交互运行方式

在 Windows "开始" 菜单找到 IDLE 并单击，启动 Python 自带开发环境。IDLE 有两种窗口模式：Shell 和 Editor，分别对应交互运行方式和脚本运行方式。IDLE 启动后默认显示 Shell 窗口，如图 3.13 所示。

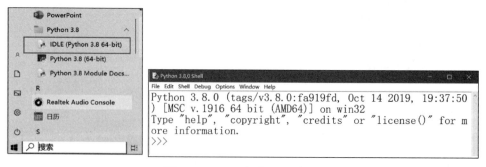

图 3.13　IDLE 启动 Shell 窗口

在 Shell 窗口交互运行方式下启动 Python 解释器后，出现了 ">>>" 提示符，解释器等待用户输入指令，在接收到用户指令后就去执行该指令，可以在这里输入 print("Hello World!")，然后按【Enter】键。Python 解释器便会去执行该语句。执行完毕后将结果 "Hello World!" 显示出来，再次显示"＞＞＞"符号，以等待用户的下一条指令。

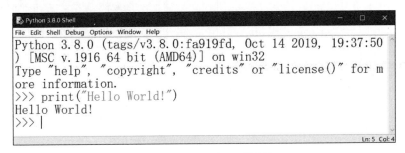

图 3.14　IDLE 交互式运行

注意：交互式的优点是所见即所得，但代码无法保存，下一次执行要重新输入；此外如果程序结构复杂或代码太长，交互方式下维护也不方便。

（2）脚本运行方式

脚本运行方式则是在 IDLE 的 Editor 窗口中编辑脚本文件，将用户程序存入到一个文本文件中，然后让解释器去执行该文本文件中的所有指令。具体操作如下：

①如图 3.15 所示，选择 Shell 窗口中的 File → New File 命令或者按组合键【Ctrl+N】即可创建一个 Python 脚本文件，并打开 Editor 窗口。也可以选择 File → Open File 命令或者按【Ctrl+O】组合键，在弹出的"打开文件"对话框中选择已经存储的 Python 脚本文件显示在 Editor 窗口。在 Editor 窗口中可以编辑多条语句。

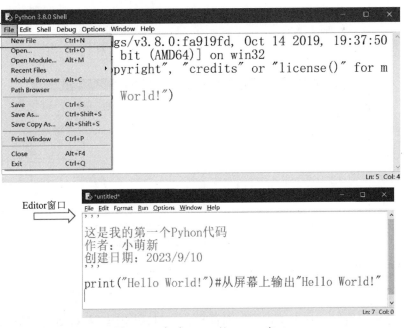

图 3.15　启动 IDLE 的 Editor 窗口

②如图 3.16 所示，选择 Editor 窗口中的 File → Save 命令，初次保存会出现"另存为"对话框，在对话框中设置脚本文件的文件名和保存路径。从而实现对代码的保存。

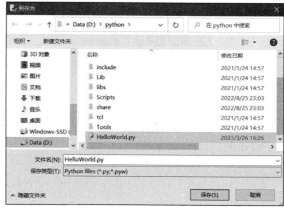

图 3.16　Editor 窗口保存 Python 脚本文件

③按照图 3.17 所示，单击窗口中的 Run → Run Module 命令或按【F5】键，可运行当前脚本文件，并将运行结果显示在 Shell 窗口，如图 3.18 所示。

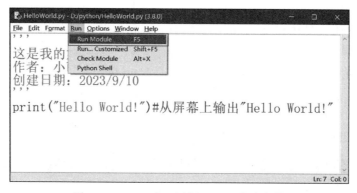

图 3.17　Editor 窗口运行 Python 脚本文件

```
Python 3.8.0 (tags/v3.8.0:fa919fd, Oct 14 2019, 19:37:50
) [MSC v.1916 64 bit (AMD64)] on win32
Type "help", "copyright", "credits" or "license()" for m
ore information.
>>> print("Hello World!")
Hello World!
>>>
=========== RESTART: D:/python/HelloWorld.py ===========
Hello World!
>>>
```

图 3.18　Python 脚本文件运行结果

当然，运行的结果不会总是一帆风顺，会出现很多 BUG。

2. 在终端运行

按【Win+R】组合键，弹出"运行"对话框，在对话框中输入 cmd 可以进入命令行窗口。在安装 Python 程序的 Windows 操作系统的终端也可以运行 Python 代码，运行方式也是交互运行和脚本运行方式两种。

在命令行窗口的命令提示符 ">" 下，输入 Python 并按【Enter】键，启动 Python 解释器，如图 3.19 ①所示。出现了 ">>>"提示符表示交互运行方式下启动成功,如图 3.19 中的②所示。后面的操作与 IDLE 交互式运行方式下操作一样。

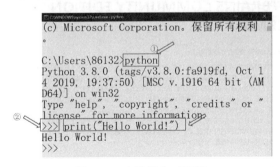

图 3.19　在终端交互运行

退出交互模式可以输入 exit(),如图 3.20 所示。

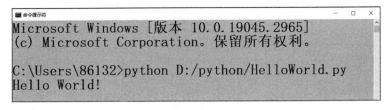

图 3.20　在终端退出交互运行

在终端要运行脚本文件,需要提前使用其他文本编辑器(如记事本、Word 等)编辑好代码,然后另存为扩展名为 .py 的 Python 脚本文件(示例中脚本文件的路径为 D:/Python/HelloWorld.py),在操作系统的命令提示符后面输入如下命令:

```
Python D:/Python/HelloWorld.py
```

在终端脚本式运行结果如图 3.21 所示。

```
命令提示符                                                    —  □  ×
Microsoft Windows [版本 10.0.19045.2965]
(c) Microsoft Corporation。保留所有权利。

C:\Users\86132>python D:/python/HelloWorld.py
Hello World!
```

图 3.21　在终端脚本式运行结果

3. 在 PyCharm 运行

初次启动 PyCharm,弹出图 3.22 所示的 PyCharm 用户协议对话框,勾选同意用户协议的复选框后,单击 Continue 按钮,出现欢迎对话框。

在欢迎对话框中单击 New Project 按钮,弹出"新建项目"对话框,如图 3.23 所示,可以创建一个新项目。位置为文件保存的路径,必须勾选"继承全局站点软件包"复选框,这样就可以把在此次项目中配置的第三方库在后续其他项目中继续使用。单击"创建"按钮,即项目创建成功。

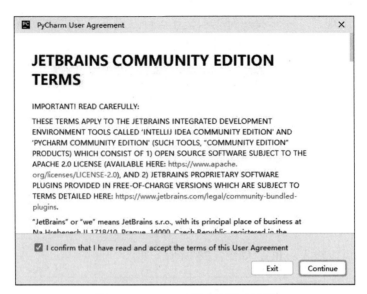

图 3.22　PyCharm 用户协议对话框

图 3.23　"新建项目"对话框

读者可能好奇，为什么图 3.23 是中文的，这是因为 Pycharm 提供丰富的插件，创建项目成功后，单击 File → Settings 命令，在弹出的在设置窗口选择 Plugins，再选择中文语言包，如图 3.24 所示，即可安装中文语言包。

项目创建成功后，进入项目开发界面，如图 3.25 所示。

编写好程序后，选择"运行"→"运行 main"命令，或者通过右键快捷菜单等，可以运行 main.py 文件，如图 3.26 所示，main.py 文件运行结果如图 3.27 所示。

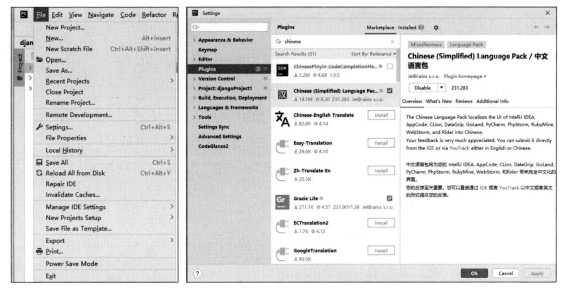

图 3.24　安装中文语言包

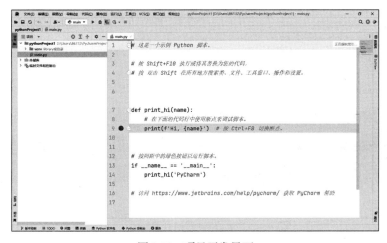

图 3.25　项目开发界面

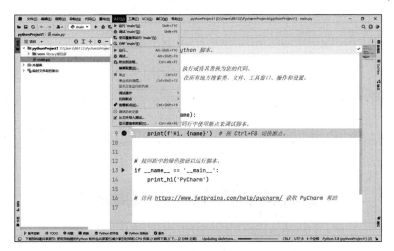

图 3.26　运行项目内置 main.py 文件

图 3.27　main.py 文件运行结果

也可以在当前项目中新建 Python 文件，具体过程如图 3.28~ 图 3.30 所示。

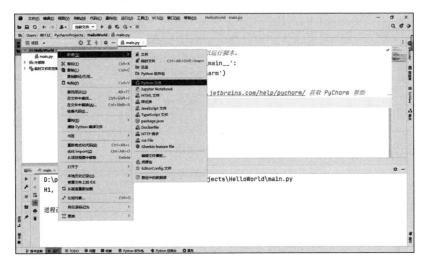

图 3.28　项目内创建新的 Python 文件

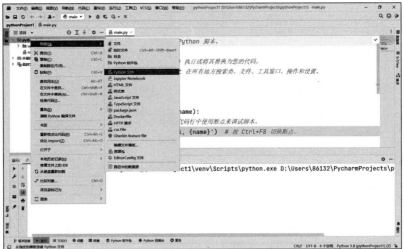

图 3.29　设置新的 Python 文件名

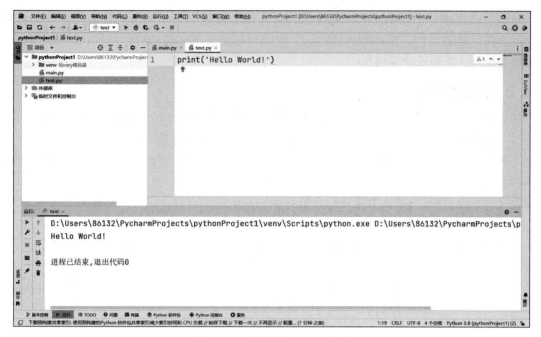

图 3.30　运行新的 Python 文件

3.4　问题求解的思维

3.4.1　计算思维之问题求解

计算思维里的 2A 即 Abstraction（抽象）和 Automation（自动化），是计算思维的两大核心特征。运用计算思维进行问题求解的主要过程有：

①把实际问题抽象为数学问题，并建模将人对问题的理解用数学语言描述出来。

②进行映射，把数学模型中的变量等用特定的符号代替，用符号一一对应数学模型中的变量和规则等。

③通过编程把解决问题的逻辑分析过程写成程序。

④执行程序，进行求解，计算机根据程序，一步步完成相应指令，求出结果。

建立数学模型的过程就是理解问题的过程，并且要把对问题的理解用数学语言描述出来，这很关键。数学模型的好坏意味着对问题的理解程度是否够深，而且数学模型还说明了在这个问题中，哪些内容可以计算以及如何进行计算，这可以说是计算思维里最核心的内容。这个关键过程需要的核心能力就是抽象能力以及一定的数学基础。

数学建模只是可计算化的第一步，为了让计算机帮我们去求解，用虚拟符号来代替数学模型里的每个变量和运算规则，这个过程就是映射。

完成映射，就能把解题思路（注意，是解题思路，不是数学模型）用程序语言完整地告诉计算机，这个过程就是具体的编程写算法的过程。

关键路径的前三步都是人来完成的，最后一步执行算法进行运算是机器自动完成的，体现了计算思维的自动化的特点。

在整个过程中，抽象是方法，是手段，贯穿整个过程的每个环节。自动化是最终目标，让机器去做计算的工作，把人脑解放出来，中间目标是实现问题的可计算化，体现在成果上就是数学模型、映射及计算机程序。

3.4.2　程序的设计

对于程序来说，其设计模式可以抽象为三个过程（见图 3.31）：输入（input）数据、处理数据（processing data）和输出（output）数据。这种程序设计模式称为 IPO 方法。

①输入数据：一个程序的开始，从输入源获取待处理数据，输入源有键盘、文件、网络或其他设备等。

②处理数据：程序对输入数据进行计算产生输出数据的过程。而计算处理的方法称为"算法"，算法是程序的灵魂。

③输出数据：是程序展示运算成果的方式，输出方式有输出到屏幕、文件、网络或其他设备等。

图 3.31　程序处理

程序设计的主要步骤是分析问题、设计算法，编写程序和调试运行等。其中分析问题、设计算法的过程即是计算思维中的抽象，而编写程序和调试运行是计算思维自动化的实现。

因此可以认为编写程序并不是计算思维，整个程序设计过程才是计算思维的创造过程。

3.4.3　程序的 Python 实现

根据 3.4.1 介绍的程序设计步骤，以身体质量指数（BMI）计算为例，介绍程序实现的过程。

【例 3.1】编程计算 BMI 指数。体重是反映和衡量一个人健康状况的重要标志之一，过胖和过瘦都不利于健康，身高体重不协调也不会给人以美感。体重的变化，会直接反映身体长期的热量平衡状态。可以参考 BMI 指数，看自己的体重是否超标。具体实现过程如下：

（1）分析问题

计算公式 BMI= 体重 (kg)/[身高 (m)]^2，临床的分级标准为：BMI<18.5 为低体重、$18.5 \leqslant$ BMI $\leqslant 23.9$ 为体重正常、$24.0 \leqslant$ BMI $\leqslant 27.9$ 为超重、BMI $\geqslant 28.0$ 为肥胖。身体质量指数（BMI）计算的需求是根据用户给出的身高体重从而可以换算出用户的身体质量指数。并根据计算结果给出相应体重鉴定。

输入：用户的身高体重。

数据处理：BMI 计算算法。

输出：体重鉴定结论。

（2）设计算法

$$BMI= 体重 (kg)/[身高 (m)]^2$$

用符号——对应数学模型中的变量和规则：

BMI = weight/(height) ²

其中，BMI 表示身体质量指数，weight 表示体重，height 表示身高。

（3）编写程序

根据前面的分析，编写身体质量指数（BMI）计算的 Python 程序代码如下：

```
'''
这是一个身体质量指数（BMI）计算程序
计算公式为：BMI=体重÷身高²。（体重单位：千克；身高单位：米）
'''
# 例 3.1 BMI.py
height=input("请输入你的身高（米）：")          # 从键盘输入年龄并按下 Enter
weight=input("请输入你的体重（千克）：")         # 从键盘输入体重并按下 Enter
BMI=eval(weight)/(eval(height)**2)
if BMI<=18.4:                                   # 注意缩进
    print("你的 BMI 是 {:.2f}，你有点偏瘦，要多吃点呀".format(BMI))
    # 在屏幕上输出 " 你的 BMI 是 xx，你有点偏瘦，要多吃点哟 "
    # 其中 xx 是根据输入计算出的实际 BMI 值
elif 18.5<=BMI<=23.9:
    print("你的 BMI 是 {:.2f}，你属于正常范围，要继续保持呀".format(BMI))
else:
    print("你的 BMI 是 {:.2f}，你已经超重，要多锻炼呀".format(BMI))
```

注意：此时看不懂上述代码没关系，后续章节中将解释上述代码的含义。

（4）调试测试

将上述文件保存为文件 BMI.py，采用 3.3.3 节介绍的方法，在 IDLE 运行该程序。输入输出如下：

```
请输入你的身高（米）：1.6
请输入你的体重（千克）：50
你的 BMI 是 19.53，你属于正常范围，要继续保持呀
>>>
```

其中，1.6 和 50 是用户输入的信息。

上述程序符合 Python 语法，执行结果正确。事实上，当程序较为复杂时，很难保证一次编写后的程序能够直接正确运行或运行逻辑没有错误。甚至说，任何程序都会有错误。寻找错误的调试过程不容忽视。

（5）升级维护

与人类一样，任何程序都有生命周期。促使程序生命结束的事件有很多，例如，平台更换、使用方式变化、算法改进等。对于上述例子，随着问题使用场景、输入和输出单位等因素的变化，程序将需要不断地维护和升级。

▊ 3.5　Python编程规范

3.5.1　程序结构和编程规范

与其他常见的语言使用大括号（{}）来控制类、函数及其他逻辑判断不同，Python 用缩进来表示程序的分层结构，体现代码之间的从属关系。缩进代码属于上面最邻近的一行非缩进代码。在例 3.2 中，第 3、4 行存在缩进，则表明这些代码逻辑归属于上层无缩进的第 2 行代码。

【例 3.2】代码缩进示例。

```
# 例 3.2 happy.py
if True:
    print ("学习 Python")
    print ("使我快乐")        # 严格执行缩进
else:
    print ("要想快乐")
    print ("学习 Python")
```

注意：Python 程序中：

● 对于没有缩进要求的每一行都要靠左顶格书写，前面不能有空格。

● 而对于有缩进要求，对行首缩进方式没有严格限制，缩进可以用多个空格（一般是四个空格），也可以用制表符（按【Tab】键）实现，但两者不能混用，否则会报错，如图 3.32 所示。

● 对于同一个层次的代码，必须使用相同的缩进方式，如果用多个空格表示缩进，必须保证相同的缩进空格数量，否则也会报错，如图 3.33 所示。

图 3.32　Tab 和空格混用报错

图 3.33　空格数量不一致报错

Python 采用 PEP 8 作为编程规范，感兴趣的同学可以去 Python 官网自行阅读。Python 的编程规范指出：缩进最好采用空格的形式，每一层向右缩进 4 个空格，本书所有缩进均采用 4 个空格的方式。

错误的缩进还可能导致从属关系逻辑错误，也会报错，如图 3.34 所示。

图 3.34　从属逻辑错误

3.5.2　换行和注释

1. 换行

很多编程语言（如 C 语言、C++、Java 等）都要求在语句的最后加上分号用来表示一个语句的结束。但是 Python 比较灵活，在 Python 语言中，一行表示一个语句，不用以分号（;）做结尾。常见的关于换行的问题有：

（1）程序代码超过一行

如果一个语句代码超过 80 个字符，为了代码的可读性，可以将一条语句分成多行，在每一行的结尾添加反斜杠（\），连接下一行。

例如：

```
print(" 你的 BMI 是 {:.2f}，你属于正常范围，\
        要继续保持呀 ".format(BMI))
```

注意：每个行末的反斜杠（\）之后不能加注释文字。

如果是以小括号 ()、中括号 [] 或大括号 {} 包含起来的语句，不必使用反斜杠（\）就可以直接分成数行。例如：

```
month_names=['Januari', 'Februari', 'Maart',
'April', 'Mei', 'Juni',
'Juli', 'Augustus', 'September',
'Oktober', 'November', 'December']
```

（2）将多条语句表达式写成一行

如果要将多条语句写成一行，只需在每一条语句的结尾添加上分号（;）即可。例如：

```
x=100; y=200; z=300
print (x); print (y); print (z)
```

注意：Python 的编程规范中不建议用分号将两条命令放在同一行。

2. 注释

注释的主要作用是对代码进行解释说明，使开发人员更容易理解代码的含义，增强代码的可读性。Python 解释器会自动过滤掉注释，不解释、不执行注释，在调试过程中也可以将暂时不打算执行的代码放入注释中，因此合理注释还可以保存代码、方便调试。

Python 中的注释有单行注释和多行注释。

单行注释以 # 开头，单行注释可以放在被注释代码之上，也可以放在一条语句或表达式之后。Python 解释器遇到 # 时，会忽略它后面的整行内容。

单行注释用以说明多行代码的功能时一般将注释放在代码的上一行，说明单行代码的功能时一般将注释放在代码的右侧，例如：

```
# Hello World.py
print("Hello World!")# 从屏幕上输出 Hello, World!
```

注意：当单行注释可以放在被注释代码之上时，一般用于对一个函数或代码块进行解释说明，为了提高代码的可读性，建议在 # 后面添加一个空格再添加注释内容。

当注释内容过多，导致一行无法解释时可以用多行注释。多行注释用一对 3 个单引号（'''）或 3 个双引号（"""）将注释括起来。多行注释通常用来为 Python 文件、模块、类或者函数等添加版权或者功能描述信息。

（1）3 个单引号

```
'''
这是我的第一个 Pyhon 代码
作者：小萌新
创建日期：2023/9/10
'''
# HelloWorld.py
print("Hello World!")# 从屏幕上输出 Hello, World!
```

（2）3 个双引号

```
"""
这是我的第一个 Pyhon 代码
作者：小萌新
创建日期：2023/9/10
"""
# Hello World.py
print("Hello World!")# 从屏幕上输出 Hello World!
```

（3）Python 同种多行注释符号不支持嵌套，所以下面的写法是错误的：

```
'''
外层注释
    '''
```

```
        内层注释
        '''
'''
```

但是可以单双引号注释之间嵌套：

```
'''
外层注释
    """
        内层注释
    """
'''
```

注意： 编写代码时添加清楚的注释是一个优秀程序员的基本素质，不要每行代码都加注释，只注释比较难懂的代码，函数或对变量说明。

除了注释以外，在 Python 代码中只有引号里（单引号、双引号）中即字符串中可以用全角标点符号（占两个字节），其他地方标点符号必须用英文半角（占一个字节）。

此外，Python 程序中的括号一定是成对出现的。初学者容易出现的错误往往是标点符号用了全角，以及左括号右括号数量不一致，函数名变量名拼写错误等。例如图 3.35 出错的原因的是左右括号数不一致，图 3.36 出错的原因是最右边的双引号使用了全角。

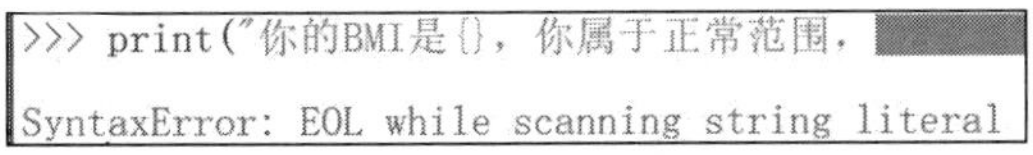

```
>>> print("你的BMI是{},你属于正常范围,
SyntaxError: EOL while scanning string literal
```

```
>>> print("你的BMI是{}，你属于正常范围")
SyntaxError: EOL while scanning string literal
```

图 3.35　程序错误情况 1 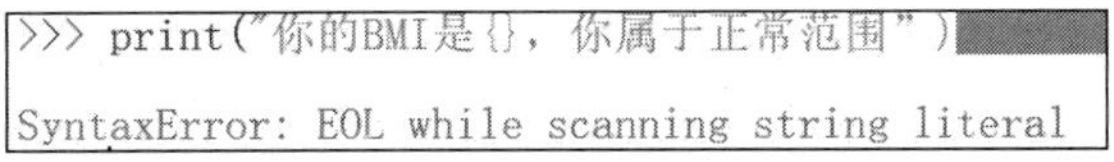　　　　　　　　图 3.36　程序错误情况 2

小知识：

给代码添加说明是注释的基本作用，除此以外它还有另外一个实用的功能，就是用来调试程序。举个例子，如果觉得某段代码可能有问题，可以先把这段代码注释起来，让 Python 解释器忽略这段代码，然后再运行。如果程序可以正常执行，则可以说明错误就是由这段代码引起的；反之，如果依然出现相同的错误，则可以说明错误不是由这段代码引起的。在调试程序的过程中使用注释可以缩小错误所在的范围，提高调试程序的效率。

Python 还有编码规则注释，主要是因为 Python 2.x 中不支持中文，要在代码中使用中文就必须在文件开始位置加上编码规则注释。在 Python 3.x 的语言环境中，默认使用 UTF-8 编码方式，因此可以直接使用中文。但是为了方便他人了解代码所用的编码方式，也可以添加编码规则注释。例如：

```
# -*- coding:utf-8 -*-
print("你好, 世界! ")
```

注意，使用 Python 3.x 环境创建 Python 脚本文件时，需要将文件编码格式设置为 UTF-8，否则运行脚本时可能会报错。

3.5.3　变量命名与保留字

在程序中如何表示数据呢？在程序中，数据可以分为常量和变量两种。

常量是指程序运行中不需要改变也不能发生改变的量，如一个数字 3、一个字符串"happy"等都是常量。

变量是指程序运行中值可以发生改变的量。Python 中一切都是对象，Python 中变量保存了对象的引用，变量好比是一个容器，容器中保存的变量所指对象的引用（地址）；变量本身是没有类型的，变量的类型是指其所指对象的类型，比如说变量是一个瓶子，盛了醋就是醋瓶，盛了酱油就是酱油瓶。Python 一大特点是变量不仅可以改变值，还可以改变变量的类型。

与数学中的变量一样，在 Python 中为了更好地使用变量，需要给它们指定一个名字即变量名。变量名是标识符的一种，标识符用来识别变量、函数、类、模块及对象的名称。Python 的标识符可以包含英文字母（A~Z、a~z）、数字（0~9）及下划线（_），但它有以下几个方面的限制。

①标识符的第 1 个字符必须是字母表中的字母或下划线（_），并且变量名称之间不能有空格。

例如，下面所列举的标识符是合法的：UserID、height、mode12、user_age。

以下命名的标识符不合法：

```
4word       # 不能以数字开头
$money      # 不能包含特殊字符
User ID     # 不能包含空格
```

注意：Python 语言中，以下划线开头的标识符有特殊含义，例如：

以单下划线开头的标识符（如 _width），表示不能直接访问的类属性，其无法通过 from...import* 的方式导入；

以双下划线开头的标识符（如 __add）表示类的私有成员；

以双下划线作为开头和结尾的标识符（如 __init__），是专用标识符。

因此，除非特定场景需要，应避免使用以下划线开头的标识符。

在 Python 3 中，非 ASCII 标识符也被允许使用。例如：身高，但我们应尽量避免使用汉字作为标识符，这会避免遇到很多奇怪的错误。

②在 Python 中，标识符中的字母是严格区分大小写的，也就是说，两个同样的单词，如果大小写格式不一样，多代表的意义也是完全不同的。例如，height 和 Height 这两个变量就是毫无关系的，它们彼此之间是相互独立的个体。

③标识符名不能用 Python 的关键字。关键字是系统已经定义过的标识符，它在程序中已有了特定的含义，如 if、class 等，因此不能再使用关键字作为其他名称的标识符。Python 的常用关键字有：False、None、True、and、as、assert、break、class、continue、def、del、elif、else、except、finally、for、from、global、if、import、in、is、lambda、nonlocal、not、or、pass、raise、return、try、while、with、yield 等。

Python 的标准库提供了一个 keyword 模块，可以输出当前 Python 版本的所有关键字，具体示例如下：

```
>>> import keyword
>>> print(keyword.kwlist)
['False', 'None', 'True', 'and', 'as', 'assert', 'async', 'await', 'break',
'class', 'continue', 'def', 'del', 'elif', 'else', 'except', 'finally', 'for',
'from', 'global', 'if', 'import', 'in', 'is', 'lambda', 'nonlocal', 'not',
'or', 'pass', 'raise', 'return', 'try', 'while', 'with', 'yield']
```

标识符的命名，除了要遵守以上这几条规则外，不同场景中的标识符，其名称也有一定的规范可循，例如：

- 当标识符用作模块名时，应尽量短小，并且全部使用小写字母，可以使用下划线分割多个字母，例如 game_mian、game_register 等。
- 当标识符用作包的名称时，应尽量短小，也全部使用小写字母，不推荐使用下划线，例如 com.mr、com.mr.book 等。
- 当标识符用作类名时，应采用单词首字母大写的形式。例如，定义一个图书类，可以命名为 Book。
- 模块内部的类名，可以采用 " 下划线 + 首字母大写 " 的形式，如 _Book。
- 函数名、类中的属性名和方法名，应全部使用小写字母，多个单词之间可以用下划线分割。
- 常量命名应全部使用大写字母，单词之间可以用下划线分隔，例如：

```
# 圆周率
PI=3.1415926
# 我的生日
MY_BIRTHDAY='2008/2/29'
```

有读者可能会问，如果不遵守这些规范，会怎么样呢？答案是程序可以正常运行，但遵循以上规范的好处是，可以更加直观地了解代码所代表的含义，以变量名 Book 类为例，我们可以很容易就猜到此类与书有关，虽然将类名改为 a（或其他）不会影响程序运行，但通常不建议这么做。

变量名属于标识符的一种，因此变量名的命名要遵循标识符的命名规范，此外变量命名风格应该做到：

- 见名知意，以便一眼能看出变量的作用，更有利于理解程序。
- 尽量避免使用单个英文单词 "l" "O" "I" 作为变量名，以免与数字 0 或者 1 混淆。
- 不建议使用中文命名变量，Python 3 系列可以采用中文对变量命名。但从编程习惯和兼容性的角度考虑，一般不建议使用中文对变量命名。
- 一般变量可以用小驼峰规则：变量名由多个单词组成，第一个单词首字母小写，其他单词首字母大写，也可以全部变量名都小写，单词之间用下划线分隔。

小驼峰命名：

myBook yourMoney

下划线分隔命名：

my_book　your_money

- 避免和 Python 内置模块名、类型名、函数名以及 Python 保留字重名。

3.5.4　赋值语句

赋值语句如图 3.37 所示，Python 的变量在使用前不需要先定义，对一个变量赋值后，即完成了对该变量的定义，变量的类型由其值的类型决定。只要对变量重新赋值，就可以实现变量值或变量数据类型的修改。

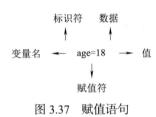

图 3.37　赋值语句

赋值语句的一般形式如下：

变量名 ＝ 表达式值（对象）

注意：Python 采用基于值的内存管理模式。赋值语句的执行过程是首先把等号右侧表达式的值计算出来，然后在内存中找一个位置把值存放进去，最后创建变量并指向内存地址。Python 中变量不直接存储值，而是存储了值的内存地址或者引用，这也是变量类型随时可以改变的原因。

当变量出现在赋值运算符的左边表示定义或者修改变量的值，出现在其他位置则表示引用变量的值。变量在赋值运算符不同位置含义示例如下：

```
x=100
x="happy"
x=100+20
y=x
y=x+20
```

Python 中的变量不需要声明。每个变量在使用前都必须赋值，变量赋值以后才会被创建，如果创建变量或者使用变量时没有赋值，会提示错误。例如：

```
u
```

输出结果如下所示。

```
Traceback (most recent call last):
File "<pyshell#0>", line 1, in <module>
u
NameError: name 'u' is not defined
```

注意： 出现这个错误往往是使用变量前没有赋值定义，或者变量名在不同地方出现拼写错误。

Python 还可以在一条语句中为多个变量赋值，一般形式如下：

```
变量名 1, 变量名 2…, 变量名 N = 表达式 1, 表达式 2…, 表达式 N
```

例如：

```
x,y ="happy",100
```

定义了两个变量 x 和 y，变量 x 的值是字符串类型的 "happy"，变量 y 的值是整型的 100。

多个变量赋值首先计算右侧的多个表达式的值，然后同时将值赋给左侧对应的变量，它们之间没有先后顺序。例如：

```
x,y ="happy",100
x,y =y,x
```

这段代码中的第二条语句实现的功能是，把变量 y 的值即整型的 100 赋值给变量 x，变量 x 的值即字符串类型的 "happy" 赋值给 y。这样实现了两个变量值的互换。

3.5.5　输入函数 input ()

input() 是 Python 的内置函数，功能是从控制台读取用户输入的内容。input() 函数总是以字符串的形式来处理用户输入的内容，所以用户输入的内容可以包含任何字符。

input() 函数的基本语法格式如下：

```
input([prompt])
```

其中，prompt 是可选参数，用来显示用户输入的提示信息字符串。

注意： [ ] 中的内容表示可选参数，可以使用也可以不使用。

例如：

```
height = input("请输入你的身高（米）: ")
print(height)
```

上述代码用于提示用户按米作为单位输入身高，然后将输入的身高以字符串的形式返回并保存在变量 height 中，以后可以调用这个变量来访问身高的值。

当运行此句代码时，会立即显示提示信息"请输入你的身高（米）:"，之后等待用户输入信息。当用户输入"1.6"并按【Enter】键（注意，输入结束一定要按【Enter】键）时，程序就接收了用户的输入。最后调用 height 变量，就会显示变量所引用的对象——用户输入的身高。

测试结果如下所示：

```
请输入你的身高（米）: 1.6
1.6
```

从结果可以看出，添加提示用户输入信息是比较友好的，对于编程时所需要的友好界面非常有帮助。

　　注意：当用户输入程序所需要的数据时，无论用户输入什么类型的内容，都会以字符串的形式返回。所以 input() 函数输入的数据都需要进一步进行处理。

3.5.6　输出函数 print()

　　print() 函数可以输出格式化的数据，与 C/C++ 的 printf() 函数功能和格式相似。print() 函数的基本语法格式如下：

```
print([value1, value2,…], [sep=' '] ,[end='\n'],[ file=sys.stdout]) # 此处只
    说明了部分参数
```

　　上述参数的含义如下：
　　① value 是用户要输出的信息，后面的省略号表示可以有多个要输出的信息。
　　② sep 用于设置多个要输出信息之间的分隔符，其默认的分隔符为一个空格。
　　③ end 是一个 print() 函数中所有要输出信息之后添加的符号，默认值为换行符。
　　④ file 可指定输出到特定文件夹，默认是输出到显示器（标准输出）。
　　例如：

```
print(" 学习 Python"," 使我快乐 ") #输出测试的内容
print(" 学习 Python"," 使我快乐 ",sep='@') # 将默认分隔符修改为 '@'
print(" 学习 Python"," 使我快乐 ",end='^_^') # 将默认的结束符修改为 '^_^'
print(" 学习 Python"," 使我快乐 ") #再次输出测试的内容
```

　　这里调用了 4 次 print() 函数。其中，第 1 次为默认输出，第 2 次将默认分隔符修改为 '@'，第 3 次将默认的结束符修改为 '^_^'，第 4 次再次调用默认的输出。保存并运行程序，结果如下所示。

```
学习 Python  使我快乐
学习 Python@ 使我快乐
学习 Python  使我快乐 ^_^ 学习 Python  使我快乐
```

　　从运行结果可以看出，第一行为默认输出方式，数据之间用空格分开，结束后添加了一个换行符；第二行输出的数据项之间以 '@' 分开；第三行输出结束后添加了一个 '^_^'，与第 4 条语句的输出放在了同一行中。
　　print() 函数的用法如下。
　　输出字符串，例如：

```
print('happy')
```
　　　　显示变量，例如：
```
age = 20
print(age)
```

　　显示多个字符串和变量，例如：

```
age = 18
```

```
sex = '男'
print('我是小萌新',age,sex)
        格式化显示, 例如:
name = '小萌新'
age = 18
print('我是%s,我今年%d岁了'%(name,age))
```

注意: #%s 和 %d 叫作占位符, 替变量占了位置, 显示的时候会用变量的值替换占位符, 占位符和后面小括号里的变量一一对应。这里要将字符串与变量之间以 (%) 符号隔开, 如果没有使用 (%) 符号将字符串与变量隔开, Python 就会输出字符串的完整内容, 而不会输出格式化字符串。例如:

```
x=100
print ("x=%d",x)
```

运行结果如下所示。

```
x=%d 100
```

常见的占位符有:%s, 字符串占位符;%d, 整数的占位符;%f, 浮点数的占位符。

小　　结

本章首先对 Python 进行了简单介绍, 包括 Python 语言的起源、特点, 其次介绍了如何在 Windows 操作系统中下载和安装 Python、开发环境以及 PyCharm。详细说明了 Python 程序的不同运行方式以及 Python 的语法基础和编程规范。以问题求解的思维展开介绍程序设计的过程, 并用一段 Python 程序解决现实问题。

习　　题

一、简答题

1. 执行 Python 脚本的两种方式是什么?

2. Pyhton 单行注释和多行注释分别用什么注释符号?

3. 声明变量注意事项有哪些?

二、操作题

1. 到 Python 官方网站下载并安装 Python 解释器环境。

2. 到 PyCharm 官方网站下载并安装最新的 PyCharm 开发环境。

三、编程题

1. 将字符串 'Hello World!' 存储到变量 str 中, 再使用 print 语句将其打印出来。

2. 使用 input() 函数读入一个字符串, 然后将其输出。

3. 输入一行字符串: 逆境清醒 并存储到变量 str 中, 再使用 print 语句将其打印出来。

第4章

Python 的基础语法

在内存中存储的数据可以有多种类型。Python 提供了数字（number）、字符串（string）、列表（list）、元组（tuple）、字典（dictionary）和集合（set）等数据类型，每种数据类型都有其特点及用法。本章主要介绍数字类型和字符串类型等基本数据类型以及常见的运算符和Python 内置的数值操作、类型转换。

4.1 Python常用内置对象

对象是 Python 中最基本的概念之一，可以认为 Python 中的一切都是对象，除了整数、实数、复数、字符串、列表、元组、字典、集合外，还有 zip、map、enumerate、filter 等对象，函数和类也是对象。此外，不同类型的变量占用的内存空间是不同的，可以进行的运算是不同的，例如，整数和小数分别由计算机中央处理器中不同的硬件逻辑操作，同样的数学操作，前者比后者速度快得多。在程序开发过程中，为了更充分地利用内存空间，必须理解变量的类型，可以为不同的数据指定不同的数据类型。

Python 的数据类型分为数字类型、字符串类型、列表类型、元组类型、字典类型和集合类型，如图 4.1 所示。

各类型数据的示例及简要说明见表 4.1。

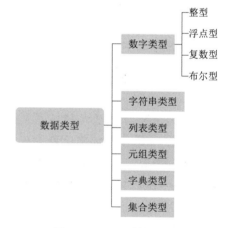

图 4.1　Python 数据类型

表 4.1　Python 数据类型

对象类型	类型名称	示　例	简要说明
数字	int float complex	1234 3.14, 1.3e5 3+4j	数字大小没有限制，内置支持复数及其运算
字符串	str	'swfu', "I'm student", '''Python ''', r'abc', R'bcd'	使用单引号、双引号、三引号作为定界符，以字母 r 或 R 引导的表示原始字符串
字节串	bytes	b'hello world'	以字母 b 引导，可以使用单引号、双引号、三引号作为定界符
列表	list	[1, 2, 3] ['a', 'b;, ['c', 2]]	所有元素放在一对方括号中，元素之间使用逗号分隔，其中的元素可以是任意类型

续表

对象类型	类型名称	示　　例	简要说明
字典	dict	{1:'food',2:'taste',3:'import'}	所有元素放在一对大括号中，元素之间使用逗号分隔，元素形式为"键 : 值"
元组	tuple	(2, -5, 6) (3,)	不可变，所有元素放在一对圆括号中，元素之间使用逗号分隔，如果元组中只有一个元素的话，后面的逗号不能省略
集合	set frozenset	{'a', 'b', 'c'}	所有元素放在一对大括号中，元素之间使用逗号分隔，元素不允许重复；另外，set 是可变的，而 frozenset 是不可变的

注意：再次提醒，变量定义时不需要申明变量的数据类型，根据赋值时给定变量的值的类型决定变量类型。

4.1.1　数字类型

Python 内置的数字类型（number）有整型（int）、浮点型（float）、布尔型（bool）和复数（complex），见表 4.2。

表 4.2　Python 数字类型

中文名称	英文名称	作用	示例
整型	int	整数	-1、0、1
浮点型	float	浮点数	3.14, 3.14e-2
布尔型	bool	布尔值	Ture，False
复数	complex	复数	4+5j

1. 整型

整型也称为整数类型，它与数学中整数的概念一致，就是不能有小数的数，整数可以是正整数、0 或负整数如 –1、1 等。在计算机语言中，整型数据可以用二进制、八进制、十进制或十六进制形式表示。在 Python 程序如果用二进制表示，数字前必须加上 0b 或 0B；如果用八进制表示，那么数字前必须加上 0o 或 0O；如果用十六进制表示，那么数字前必须加上 0x 或 0X；不加任何前缀则表示十进制，具体表示方法见表 4.3。

注意：关于进制的概念可以在 1.2.1 节复习。

表 4.3　整型的四种表示

进制种类	前缀	描　　述
十进制	无	默认情况，如 123, 345
二进制	0b 或 0B	由数码 0、1 组成，如 0b100、0B101
八进制	0o 或 0O	由数码 0~7 组成，如 0o157、0O751
十六进制	0x 或 0X	由数码 0~9，A 到 F 或 a 到 f 组成，如 0xabc、0XABC、0Xabc

例如：

```
a = 0b1010        # 二进制数，等价于十进制数 10
b = -0b1010       # 二进制数，等价于十进制数 -10
c = 10            # 十进制数 10
d = -10           # 十进制数 -10
e = -0o12         # 八进制数，等价于十进制数 -10
f = -0XA          # 十六进制数，等价于十进制数 -10
```

在 Python 中整型的长度没有固定的限制，它可以是任意的长度，仅受内存大小的限制。整型数据可以支持多种运算，比方说关系、算术、位运算等等。

2. 浮点型

浮点数类型简称浮点型，它与数学中实数的概念一致，表示带有小数的数值如 3.14、31.4e-1 等。Python 语言要求所有浮点数必须带有小数部分，小数部分可以是 0，这是为了区分浮点数和整数，如 0.0 表示浮点数，0 表示整数。

在 Python 中，浮点型数据默认有十进制和科学计数法两种书写格式，具体示例如下：

```
f1 = 3.14         # 标准格式
f2 = 31.4e-1      # 科学计数法格式，等价于 3.14
f3 = 31.4E2       # 科学计数法格式，等价于 3140.0
```

在科学计数法格式中，E 或 e 代表基数是 10，其后的数字代表指数，31.4e-1 表示 31.4×10^{-1}，31.4E2 表示 31.4×10^{2}。E 或 e 前面必须有数值，后面的数字必须为整数。只要写成指数形式就是小数，即使它的最终值看起来像一个整数。例如 31.4E2 等价于 3140，但 31.4E2 是一个小数。

注意：

① Python 浮点数的取值范围是 -1.8e308~1.8e308。超出这个范围，Python 会认为无穷大或无穷小（inf,-inf）。

② 计算机中程序和数据都是以二进制存储和处理的。数值存储在计算机中需要转换成二进制，但十进制小数受限于精度问题往往无法精确转化为二进制小数。由于精度的问题，对于实数运算可能会有一定的误差，应尽量避免在实数之间直接进行相等比较，而是应该以两者之间的绝对值是否足够小作为两个实数是否相等的依据。

此外浮点数与整数类型由计算机的不同硬件单元执行，处理方法不同，需要注意的是，尽管浮点数 0.0 与整数 0 的值相同，但他们在计算机内部表示方法不同，这个可以参考 1.2.4 小节中数值的编码方式。例如：

```
>>> 0.3-0.2              # 实数运算，结果可能存在偏差
0.09999999999999998
>>> 0.3-0.2==0.1         # 应尽量避免在实数之间直接进行相等比较
False
>>> abs(0.3-0.2-0.1)<1e-6    # 以两者之间的绝对值是否足够小判断两个实数是否相等
True
```

这里利用符号（==）判断左右两边是否绝对相等，1e-6 表示 10^{-6}。

③ Python 语言能够支持无限制且准确的整数计算，因此，如果希望获得精度更高的计算结果，往往采用整数而不是直接采用浮点数。

例如：

```
>>> 123451234512345*12121212121212
1496378600149621399850362140
>>> 12345.1234512345*12.121212121212
149637.86001496215
```

为了提高数字的可读性，Python 3.x 允许使用单个下划线 "_" 作为数字（包括整数和小数）的分隔符。通常每隔三个数字添加一个下划线，类似于英文数字中的逗号。下划线不会影响数字本身的值，但下划线不能出现在开头和结尾位置，也不能使用连续多个下划线。请看如下示例：

```
>>> PI = 3.141_592_6
>>> print(PI)
3.1415926
```

3. 复数型

复数型用于表示数学中的复数，由实部和虚部组成。例如，1+2j、1-2j、-1-2j 等。Python 的复数中实数部分和虚数部分的数值都是浮点类型，对于复数 a 可以用 a.real 和 a.imag 来分别获得实部和虚部。例如：

```
>>> a = 1 + 2j
>>> print(a.real)        # 打印实部
1.0
>>> print(a.imag)        # 打印虚部
2.0
```

此处需要注意它的写法与数学中写法的区别，当虚部为 1j 或 -1j 时，在数学中，可以省略 1，但在 Python 程序中，1 是不可以省略的。

4. 布尔型

布尔型是一种比较特殊的整型，它只有 True 和 False 两种值，分别对应 1 和 0，它主要用来比较和判断，所得结果叫作布尔值。具体示例如下：

```
>>> 3 == 3  # 结果为 True
True
>>> 3 == 4  # 结果为 False
False
```

注意：每一个 Python 对象都有一个布尔值，从而可以进行条件测试，下面对象的布尔值为 False：

None、False（布尔型）、0（整型 0）、0.0（浮点型 0）、0.0＋0.0j（复数型 0）、""（空字符串）、[]（空列表）、()（空元组）、[]（空字典）。

除上述对象外，其他对象的布尔值为 True。

----

5. 检测数据类型

在 Python 中，数据类型是由存储的数据决定的。为了检测变量所引用的数据是否符合期望的数据类型，Python 中内置了检测数据类型的函数 type()。它可以对不同类型的数据进行检测，具体如下所示：

```
>>> a = 10
>>> print(type(a))
<class 'int'>
>>> b = 1.0
>>> print(type(b))
<class 'float'>
>>> c = 1 + 2j
>>> print(type(c))
<class 'complex'>
>>> print(type(c.real))
<class 'float'>
>>> print(type(c.imag))
<class 'float'>
>>> d = True
>>> print(type(d))
<class 'bool'>
```

示例中，可以使用 type() 函数分别检测 a、b、c、d 所引用数据的类型。

除此之外，还可以使用函数 isinstance() 判断数据是否属于某个类型，具体示例如下：

```
>>> a = 10
>>> print(isinstance(a, int))
True
>>> print(isinstance(a, float))
False
```

4.1.2　字符串类型

1. 字符串的标识符

Python 中的字符串以引号包含为标识，具体有三种表现形式：

（1）使用单引号标识字符串

使用单引号标识的字符串中不能包含单引号，具体如下所示：

```
'Python'
'happy'
' I'll try my best.'
```

由于上面字符串中包含了单引号，此时 Python 会将字符串中的单引号与第一个单引号配对，这样就会把 'I' 当成字符串，而后面的 ll try my best.' 就变成了多余的内容，从而导致语法错误。

　　可以在单引号标识的字符串中嵌套双引号。例如：

'小萌新:"学习 Python，使我快乐 "。'

（2）使用双引号标识字符串

使用双引号标识的字符串中不能包含双引号，具体如下所示：

```
" Python "
" happy "
"I'll try my best."
```

（3）使用三引号标识字符串

　　使用三对单引号或三对双引号标识字符串可以包含多行，当程序中有大段文本内容需要定义成字符串时，优先推荐使用长字符串形式，因为这种形式非常强大，可以在字符串中放置任何内容，包括单引号和双引号。长字符串中的换行、空格、缩进等空白符都会原样输出。

　　具体如下所示：

```
>>> print(
'''
锄禾日当午，
汗滴禾下土。
''')
锄禾日当午，
汗滴禾下土。
```

　　这种形式的字符串经常出现在函数定义的下一行，用来说明函数的功能。

　　注意： 字符串开头与结尾的引号要一致。当字符串长度超过一行时，必须使用三引号将字符串包含起来，因为单引号与双引号不可以跨行。例如：

```
>>> a="""Content-type: text/html
<h1>Hello Python</h1>
<a href="http://www.Python.org">Go to Python</a>"""
>>> print(a)
Content-type: text/html
<h1>Hello Python</h1>
<a href="http://www.Python.org">Go to Python</a>
```

　　通常使用前两种形式创建字符串，之后通过变量引用字符串，具体示例如下：

```
>>> name = " 小萌新 "
>>> print(name)
小萌新
```

2. 转义字符

ASCII 编码为每个字符都分配了唯一的编号，称为编码值。在 Python 中，一个 ASCII 字符除了可以用它的实体（也就是真正的字符）表示，还可以用它的编码值表示。这种使用编码值来间接地表示字符的方式称为转义字符（escape character）。有些特殊字符无法从键盘输入，可以使用转义字符表示，另外，无论是单引号、双引号还是三引号字符串，其中引号是字符串界定符，引号并不是字符串的内容，那么如何在单引号字符串中表示一个单引号呢，这也可以使用转义字符表示。转义字符以反斜杠"\"开头，后跟若干个字符。转义字符具有特定的含义，不同于字符原有的意义，故称转义字符。表 4.4 列出了常用的转义字符及含义。

表 4.4　常用的转义字符及含义

转义字符	说　明
\（在行尾时）	续行符，即一行未完，转到下一行继续写
\\	反斜杠符
\n	换行符，将光标位置移到下一行开头
\t	水平制表符，也即 Tab 键，一般相当于四个空格
\b	退格（Backspace），将光标位置移到前一列
\r	回车符，将光标位置移到本行开头
\f	换页
\'	单引号符
\"	双引号符
\a	蜂鸣器响铃。注意不是音箱发声，现在的计算机很多都不带蜂鸣器了，所以响铃不一定有效
\ddd	1~3 位八进制数所代表的字符
\xhh	1~2 位十六进制数所代表的字符

在表 4.4 中，'\ddd' 和 '\xhh' 都是用 ASCII 码表示一个字符，如 '\101' 和 '\x41' 都是表示字符 'A'。

```
>>> a='\101'
>>> a
'A'
```

转义字符在输出中有许多应用，如想在单引号标识的字符串中包含单引号，则可以使用如下语句：

```
str = 'I\'ll do my best.'
```

其中，"\'"表示对单引号进行转义。当解释器遇到这个转义字符时就理解这不是字符串结束标记。

转义字符有时候会带来一些麻烦，例如要表示一个包含 Windows 路径 D:\Program Files\Python 3.8\Python.exe 这样的字符串，在 Python 程序中直接这样写肯定是不行的，不管是普通字符串还是长字符串。因为 \ 的特殊性，需要对字符串中的每个 \ 都进行转义，也就是写成 D:\\Program Files\\Python 3.8\\Python.exe 这种形式才行。这种写法需要特别谨慎，稍有疏忽就会出错。

为了解决转义字符的问题，Python 支持原始字符串。在原始字符串中，\ 不会被当作转义字符，所有的内容都保持"原汁原味"的样子。如果想禁用字符串中反斜杠转义功能，可以在字符串前面添加一个 r，在普通字符串或者长字符串的开头加上 r 前缀，就变成了原始字符串，具体格式为：

```
str1 = r'原始字符串内容'
str2 = r"""原始字符串内容"""
```

将上面的 Windows 路径改写成原始字符串的形式：

```
>>> rstr = r'D:\Program Files\Python 3.8\Python.exe'
>>> print(rstr)
D:\Program Files\Python 3.8\Python.exe
```

注意：和普通字符串不同的是，此时用于转义的反斜杠会变成字符串内容的一部分。

```
str1 = r'I\'m a great coder!'
print(str1)
```

输出结果：

```
I\'m a great coder!
```

需要注意的是，Python 原始字符串中的反斜杠仍然会对引号进行转义，因此原始字符串的结尾处不能是反斜杠，否则字符串结尾处的引号会被转义，导致字符串不能正确结束。

```
>>> str1 = r'I\'m a great coder!\'
SyntaxError: EOL while scanning string literal
```

3. 字符串的引用

字符串是由多个字符构成的，字符之间是有顺序的，这个顺序号就称为索引（index）。

```
s[index]
```

其中：s 表示字符串变量名，index 表示索引值。

Python 允许从字符串的两端使用索引。

当以字符串的左端（字符串的开头）为起点时，索引是从 0 开始计数的；字符串的第一个字符的索引为 0，第二个字符的索引为 1，第三个字符串的索引为 2 ……

当以字符串的右端（字符串的末尾）为起点时，索引是从 –1 开始计数的；字符串的倒数第一个字符的索引为 –1，倒数第二个字符的索引为 –2，倒数第三个字符的索引为 –3 ……

```
>>> s = "happylife"
>>> s[0]    #从左开始第一个字符 'h'
>>> s[-1]   #从右开始第一个字符 'e'
>>> s[6]    #从左开始索引为 6 的字符 'i'
>>> s[-6]   #从右开始索引为 -6 的字符 'p'
```

字符串 s 各个元素对应的索引见表 4.5。

表 4.5　字符串 s 各个元素对应索引

字符串	h	a	p	p	y	l	i	f	e
从前向后索引	0	1	2	3	4	5	6	7	8
从后向前索引	−9	−8	−7	−6	−5	−4	−3	−2	−1

使用 [ ] 除了可以获取单个字符外，还可以指定一个范围来获取多个字符，也就是一个子串或者片段，具体格式为：

```
s [start : end : step]
```

其中：

s：要截取的字符串变量名；

start：表示要截取的第一个字符所在的索引（截取时包含该字符）。如果不指定，默认为 0，也就是从字符串的开头截取；

end：表示要截取的最后一个字符所在的索引（截取时不包含该字符）即左闭右开。如果不指定，默认截取到字符串最后（包含最后一个字符）；

step：指的是从 start 索引处的字符开始，每 step 个距离获取一个字符，直至 end 索引出的字符。step 默认值为 1，当 step 为负数时表明截取的方向是从右向左。

```
>>> s = "happylife"
>>> s[1:4]          # 从左开始索引为 1 的字符到索引为 3 的字符 'app'
>>> s[:4]           # 从左开始第一个字符到索引为 3 的字符 'happ'，等价于 s[0:4]
>>> s[1:]           # 从左开始索引为 1 的字符到字符串最后 'appylife'
>>> s[:6:2]
# 从左开始第一个字符，每 2 个距离获取一个字符到索引为 5 的字符 'hpy'
>>> s[: :-1]        # 从右开始第一个字符到结束 'efilyppah'
>>> s[5:-8:-1]      # 从右开始索引为 5 的字符到索引为 -7 的字符 'lypp'
```

注意：使用下标 "[]" 可以访问字符串中的元素，但不能修改。对于 s[2]= 'p' 系统执行是一定会报错。具体示例如下：

```
>>> name = "小萌新"
>>> name[2] = '萌'
Traceback (most recent call last):
  File "<pyshell#22>", line 1, in <module>
    name[2] = '萌'
TypeError: 'str' object does not support item assignment
>>> print(name[2])
```

虽然字符串不可以修改，但可以截取字符串一部分与其他字符串进行连接，具体示例如下：

```
>>> str = "小萌新 is a programmer."
>>> print(str[0:9] + "girl")
小萌新 is a girl
```

上述示例中，str[0:9] 截取 " 小萌新 is a"，然后再与 "girl" 进行连接，最后输出 " 小萌新 is a girl"。

小知识

所谓序列，指的是一块可存放多个值的连续内存空间，这些值按一定顺序排列，可通过每个值所在位置的编号（称为索引）访问它们。

为了更形象的认识序列，可以将它看作是一家旅店，那么店中的每个房间就如同序列存储数据的一个个内存空间，每个房间所特有的房间号就相当于索引值。也就是说，通过房间号（索引）我们可以找到这家旅店（序列）中的每个房间（内存空间）。

在 Python 中，序列类型包括字符串、列表、元组、集合和字典，这些序列支持索引、切片、相加和相乘、包含检查、序列内置函数等通用的操作，但比较特殊的是，集合和字典不支持索引、切片、相加和相乘操作。字符串也是一种常见的序列，它也可以直接通过索引访问字符串内的字符。

----

4. 数据类型转换

数据类型转换是指数据从一种类型转换为另一种类型，转换时，只需要将数据类型名作为函数名即可，见表 4.6。

表 4.6　常用的数据类型转换函数

函　　数	作　　用
int(x [,base])	将 base 进制的 x 转换为一个整数，base 默认是十进制，如果 x 是字符串，则要 base 指定基数。
float(x)	将 x 转换成浮点数类型，x 必须是一个整数或浮点数字符串
complex(real，[,imag])	创建一个复数
str(x)	将 x 转换为字符串
repr(x)	将 x 转换为表达式字符串
eval(str)	计算在字符串中的有效 Python 表达式，并返回一个对象
chr(x)	将整数 x 转换为一个字符
ord(x)	将一个字符 x 转换为它对应的整数值
hex(x)	将一个整数 x 转换为一个十六进制字符串
oct(x)	将一个整数 x 转换为一个八进制的字符串

说明：

① int(x [,base]) 将 base 进制的 x（往往是字符串）转换为一个整数，base 默认是十进制，base>=2，（base 也可取 0，此时和 base 取 10 一样）。int() 函数可以将其他的对象转换为整型。其中布尔值 bool：True 转换为 1，False 转换为 0；浮点数 float：直接取整，忽略小数点后的内容；

字符串 str：合法的整数字符串直接转换成对应的数字，如果不是合法的整数字符串会报错。例如：

```
>>> int(3.6)
3
>>> int("a",16)
10
>>> int(a,16)
10
>>> int(0xa,16)          #如果是字符和数字混合，x必须用字符串表示
Traceback (most recent call last):
  File "<pyshell#59>", line 1, in <module>
    int(0xa,16)
TypeError: int() can't convert non-string with explicit base
>>> int('0xa',16)
10
>>> int("123+123")
Traceback (most recent call last):
  File "<pyshell#53>", line 1, in <module>
    int("123+123")
```

② float() 和 int() 基本相同，不同的是它会将对象转换为浮点数。布尔值（bool）：True 转换为 1.0，False 转换为 0.0；整型 int：末尾直接加 .0；字符串 str：合法的整数字符串，直接转换成数字 0，合法的小数直接转换，如果不合法的整数或小数字符串会报错。例如：

```
>>> float (10)
10.0
>>> float(happy)
Traceback (most recent call last):
  File "<pyshell#2>", line 1, in <module>
    float(happy)
NameError: name 'happy' is not defined
>>> float(10.0.0)
SyntaxError: invalid syntax
```

③ str() 可以将其他对象转化为字符串类型。布尔值 bool：True 转换为 'True'，False 转换为 'False'；浮点数 float：直接变成字符串；整数 int：直接变成字符串。例如：

```
>>> str(10)
'10'
```

④ bool() 可以将其他对象转换成布尔值，任何对象都可以转换成布尔值。例如：

```
>>> bool("")
False
```

4.1.3　列表

列表（list）是 Python 中一种非常重要的数据类型。从形式上看，列表会将所有元素都放在一对中括号 [ ] 里面，相邻元素之间用英文逗号 , 分隔，如下所示：

```
[element1, element2, element3, ..., elementn]
```

从格式上看，element1 ~ elementn 表示列表中的元素，个数没有限制，只要是 Python 支持的数据类型就可以。

从内容上看，列表可以存储整数、小数、字符串、列表、元组等任何类型的数据，并且同一个列表中元素的类型也可以不同。例如：

```
ls=["hello", 1, [2,3,4] , 5.0]
```

可以看到，列表中同时包含字符串、整数、列表、浮点数这些数据类型。

注意：在使用列表时，虽然可以将不同类型的数据放入到同一个列表中，但通常情况下不这么做，同一列表中只放入同一类型的数据，这样可以提高程序的可读性。

另外，在其他 Python 教程中，经常用 list 代指列表，这是因为列表的数据类型就是 list，通过 type() 函数就可以知道，例如：

```
>>> type( ["http://c.biancheng.net/Python/", 1, [2,3,4] , 3.0] )
<class 'list'>
```

可以看到，它的数据类型为 list，表示它是一个列表。

列表是序列结构，和字符串一样支持从前向后和从后向前按索引访问。对于列表 ls=["hello", 1, [2,3,4] , 5.0]，其各元素的下标见表 4.7。

表 4.7　列表 ls 各元素对下标

列表	"hello"	1	[2,3,4]	5.0
从前向后索引	0	1	2	3
从后向前索引	−4	−3	−2	−1

如果只访问列表中的某个元素，可以使用：

```
ls[idx]
```

其中，idx 表示列表中元素的索引。

```
>>> ls=["hello", 1, [2,3,4] , 5.0]
>>> print(ls[0])
hello
>>> print(ls[-1])
5.0
```

使用 [] 除了可以获取单个元素外，还可以指定一个范围来获取多个元素形成一个新的列表：

```
ls [start : end : step]
```

其中：

ls：要截取的列表变量名；

start：表示要截取的第一个元素所在的索引（截取时包含该元素）。如果不指定，默认为 0，也就是从列表的第一个元素开始截取；

end：表示要截取的最后一个元素所在的索引（截取时不包含该元素）即左闭右开。如果不指定，默认截取到列表最后（包含最后一个元素），start 和 end 都省略则截取列表中的所有元素；

step：指的是从 start 索引处的元素开始，每 step 个距离获取一个列表元素，直至 end 索引出的列表元素。step 默认值为 1，当 step 为负数时表明截取的方向是从右向左。

```
>>> ls=["hello", 1, [2,3,4] , 5.0]
>>> print(ls[0:2])      # 从左开始索引为 0 到索引为 1 的元素
['hello', 1]
>>> print(ls[2::-1])     # 从右开始索引为 2 的元素到最左边的元素
[[2, 3, 4], 1, 'hello']
>>> print(ls[:])         # 从左开始索引为 0 到列表最右的元素
```

注意： ls [start : end : step] 返回的是一个新的列表；而 ls[idx] 返回的是列表中的某一个元素。

```
>>> print(ls[0:1])
['hello']
>>> print(ls[0])
Hello
```

可见 ls[0:1] 返回的是只有一个字符串元素 'hello' 的列表，而 ls[0] 返回的是列表 ls 索引为 0 的元素的值，即字符串 'hello'。

另外还可以通过使用 [ ] 对列表中的元素进行修改，这和字符串是不同的。

```
ls=["hello", 1, [2,3,4] , 5.0]
>>> ls[0]='world'
>>> print(ls)
['world', 1, [2, 3, 4], 5.0]
>>> ls[1:3]=[6,7,8]
>>> print(ls)
['world', 6, 7, 8,5.0]
```

注意： 可以通过 ls [start : end : step] 这种方式修改一个元素或同时修改连续多个元素的值。但需要注意，在通过 ls [start : end : step]=b 方式赋值时，b 是另一个列表，其功能是用 b 中各元素替换 ls 中 start 至 end 这些位置上的元素，赋值前后列表元素数量允许发生变化。

在为单个元素赋值时，可以使用任意类型的数据（包括列表）；ls[1:3]=[6,7,8] 是将列表索引为 1~2 的两个元素修改为另一个列表 [6,7,8] 中的三个元素，列表元素增加。ls[1:3]=[] 是将列表索引为 1~2 的两个元素修改为空列表 "[]" 中的元素，相当于删除了这两个元素。

4.1.4　元组

元组（tuple）也可以看作是不可变的列表，通常情况下，元组用于保存无须修改的内容。从形式上看，元组的所有元素都放在一对小括号 ( ) 中，相邻元素之间用英文逗号（,）分隔，如下所示：

```
(element1, element2, ... , elementn)
```

其中 element1~elementn 表示元组中的各个元素，个数没有限制，只要是 Python 支持的数据类型就可以。

从存储内容上看，元组可以存储整数、实数、字符串、列表、元组等任何类型的数据，并且在同一个元组中，元素的类型可以不同，例如：

```
t=("hello", 1, (2,3,4) , 5.0)
```

在这个元组中，有多种类型的数据，包括整型、字符串、列表、元组。

另外，我们都知道，列表的数据类型是 list，那么元组的数据类型是什么呢？我们不妨通过 type() 函数来查看一下：

```
>>> type(("hello", 1, (2,3,4) , 5.0) )
<class 'tuple'>
```

可以看到，元组是 tuple 类型，这也是很多教程中用 tuple 指代元组的原因。

元组中的元素的索引方式和列表中的索引方式完全相同，可以使用 t[idx] 访问元组中的某个元素，用 t [start : end : step] 指定一个范围来获取多个元素形成一个新的元组。

注意：从前面的介绍中，可以看到字符串、列表和元组都是序列，可以使用索引和切片。但是字符串和元组是不可变序列，他们中的元素不能修改。而列表是可变序列，列表中的元素可以修改。

4.1.5　字典

Python 字典（dict）是一种无序的、可变的序列，它的元素以"键值对（key-value）"的形式存储。相对的，列表（list）和元组（tuple）都是有序的序列，它们的元素在底层是相邻存放的。

字典类型是 Python 中唯一的映射类型。"映射"是数学中的术语，它指的是元素之间相互对应的关系，即通过一个元素，可以在别的地方找到唯一与之对应的元素，如图 4.2 所示。

字典中，习惯将各元素对应的索引称为键（key），键必须是唯一的。另外键必须是可哈希数据，即键不能是列表、集合、字典等类型。各个键对应的元素称为值（value），值的类型可以是任意类型，键及其关联的值称为"键值对"。

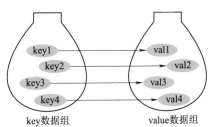

图 4.2　映射关系示意图

注意：可哈希对象是指拥有 _hash()_(self) 内置函数的对象。就目前来说，读者只需要知道列表、集合和字典类型的数据不是可哈希对象，所以它们不能作为字典的键。

字典类型很像学生时代常用的新华字典。我们知道，通过新华字典中的音节表，可以快速找到想要查找的汉字。其中，字典里的音节表就相当于字典类型中的键，而对应的汉字则相当于值。总的来说，字典类型所具有的主要特征见表 4.8。

表 4.8　Python 字典的特征

主要特征	解　释
通过键而不是通过索引来读取元素	字典类型有时也称为关联数组或者散列表（hash）。它是通过键将一系列的值联系起来的，这样就可以通过键从字典中获取指定项，但不能通过索引来获取
字典是任意数据类型的无序集合	和列表、元组不同，通常会将索引值 0 对应的元素称为第一个元素，而字典中的元素是无序的
字典是可变的，并且可以任意嵌套	字典可以在原处增长或者缩短（无须生成一个副本），并且它支持任意深度的嵌套，即字典存储的值也可以是列表或其他的字典
字典中的键必须唯一	字典中，不支持同一个键出现多次，否则只会保留最后一个键值对
字典中的键必须不可变	字典中每个键值对的键是不可变的，只能使用数字、字符串或者元组，不能使用列表

Python 中的字典类型相当于 Java 或者 C++ 中的 Map 对象。和列表、元组一样，字典也有它自己的类型。Python 中，字典的数据类型为 dict，通过 type() 函数即可查看：

```
>>> a = {'one': 1, 'two': 2, 'three': 3}    #a 是一个字典类型
>>> type(a)
<class 'dict'>
```

与列表不同，访问字典通过键访问，也可以按键修改。

```
>>> a = {'one': 1, 'two': 2, 'three': 3}
>>> a['one']
1
>>> a['one']=11
>>> print(a)
{'one': 11, 'two': 2, 'three': 3}
>>> a['four']=4
>>> print(a)
{'one': 11, 'two': 2, 'three': 3, 'four': 4}
```

4.1.6　集合

Python 中的集合，和数学中的集合概念一样，用来保存不重复的元素，即集合中的元素都是唯一的，互不相同。从形式上看，和字典类似，Python 集合会将所有元素放在一对大括号 {} 中，相邻元素之间用英文逗号,分隔，如下所示：

```
{element1,element2,...,elementn}
```

其中，elementn 表示集合中的元素，个数没有限制。

与元组和列表类似，Set（集合）中同样可以包含多个不同类型的元素，但集合中的各元素无序、不允许有相同元素且元素必须是可哈希（hashable）的对象。

从内容上看，同一集合中，只能存储不可变的数据类型，包括整型、浮点型、字符串、元组，无法存储列表、字典、集合这些可变的数据类型，否则 Python 解释器会抛出 TypeError 错误。例如：

```
>>> {{'a':1}}
Traceback (most recent call last):
 File "<pyshell#8>", line 1, in <module>
    {'a':1}}
TypeError: unhashable type: 'dict'
>>> {[1,2,3]}
Traceback (most recent call last):
  File "<pyshell#9>", line 1, in <module>
    1,2,3]}
TypeError: unhashable type: 'list'
>>> {{1,2,3}}
Traceback (most recent call last):
  File "<pyshell#10>", line 1, in <module>
    {1,2,3}}
TypeError: unhashable type: 'set'
```

并且需要注意的是，数据必须保证是唯一的，因为集合对于每种数据元素，只会保留一份。例如：

```
>>> {1,2,1,(1,2,3),'c','c'}
{1, 2, 'c', (1, 2, 3)}
```

由于 Python 中的 set 集合是无序的，所以每次输出时元素的排序顺序可能都不相同。

其实，Python 中有两种集合类型，一种是 set 类型的集合，另一种是 frozenset 类型的集合，它们唯一的区别是，set 类型集合可以做添加、删除元素的操作，而 forzenset 类型集合不行。

注意：与字符串、列表和元组等序列类型不同，集合不能使用索引和切片，具体对比见表 4.9。

表 4.9　序列类型

	列表	元组	字典	集合
类型名称	list	tuple	dict	set
定界符	方括号 []	圆括号 ()	大括号 {}	大括号 {}
是否可变	是	否	是	是
是否有序	是	是	否	否

	列表	元组	字典	集合
是否支持下标	是（使用索引号作为下标）	是（使用索引作为下标）	是（使用"键"作为下标）	否
元素分隔符	逗号	逗号	逗号	逗号
对元素形式的要求	无	无	键：值	必须可哈希
对元素值的要求	无	无	"键"必须可哈希	必须可哈希
元素是否可重复	是	是	"键"不允许重复，"值"可以重复	否
元素查找速度	非常慢	很慢	非常快	非常快
新增和删除元素速度	尾部操作快 其他位置慢	不允许	快	快

4.2　Python运算符与表达式

4.2.1　占位运算符

占位运算符类似于 C 语言中 printf() 函数中使用的占位符，在字符串中可以给出一些占位符用来表示不同类型的数据，而实际的数据值在字符串之外给出。此处仅介绍三个常用占位符，见表 4.10。

表 4.10　常用占位符

格式化符号	说　　明
%s	格式化字符串
%d	格式化整数，%d 的作用是将整数、浮点数转换成十进制表示，并将其格式化到指定位置
%f 或 %F	格式化浮点数字，可指定小数点后的精度

% 方式的占位符具体格式为：

```
%[(name)][flags][width].[precision]typecode
```

其中：

(name)：可选，用于选择字典指定的 key。

flags：可选，可供选择的值有：

　　+ 右对齐；

　　– 左对齐；

　　空格 右对齐；

　　0 右对齐；用 0 填充空白处。

width：可选，占有宽度。

.precision：可选，小数点后保留的位数。

typecode：必选。

s，获取传入对象的 __str__ 方法的返回值，并将其格式化到指定位置；

d，将整数、浮点数转换成十进制表示，并将其格式化到指定位置；

f，将整数、浮点数转换成浮点数表示，并将其格式化到指定位置（默认保留小数点后 6 位）

F，意义同 f。

%，当字符串中存在格式化标志时，需要用 %% 表示一个百分号。

下面通过具体实例介绍这 3 个占位符的使用方法，

```
>>> s1='%s 上次测试成绩 %d，本次 %d，成绩提高 %f'% ('小萌新',85,90,5/85)
>>> s2='%5s 上次测试成绩 %5d，本次 %5d，成绩提高 %.2f'% ('小萌新',85,90,5/85)
>>> s3='%5s 上次测试成绩 %05d，本次 %05d，成绩提高 %08.2f'% ('小萌新',85,90,5/85)
>>> print(s1,'\n',s2,'\n',s3)
 小萌新上次测试成绩 85，本次 90，成绩提高 0.058824
 小萌新上次测试成绩    85，本次    90，成绩提高 0.06
 小萌新上次测试成绩 00085，本次 00090，成绩提高 00000.06
```

从输出结果中可以看出占位符的使用方法和使用上的差异。

在带有占位符的字符串后面写上 %(…)，在一对小括号中即可指定前面字符串中各占位符所对应的实际数据值，各数据值之间用逗号分开。例如，前面的字符串中包含 4 个占位符（%s、%d、%d 和 %f），所以在一对单引号包裹的字符串后面的 %(…) 中给出了用逗号分隔的 4 个对应的实际数据值。

对于占位符 %s，可以写成 %ns 的形式（其中 n 是一个整数），n 用于指定代入字符串所占的字符数。如果未指定 n 或 n 小于等于实际代入字符串的长度，则将字符串直接代入；否则，如果 n 大于实际代入字符串的长度，则会在代入字符串前面补空格，使得实际代入字符串的长度为 n。例如，对于前面示例的第 2 行和第 3 行代码，通过 %5s 要求代入字符串占 5 个字符的空间，但实际代入字符串"小萌新"长度为 3，所以会在"小萌新"前补 2 个空格。

对于占位符 %d，可以写成 %nd 或 %0nd 的形式（其中 n 是一个整数），n 用于指定代入整数的位数。如果未指定 n 或 n 小于等于实际代入整数的位数，则将整数直接代入；否则，如果 n 大于实际代入整数的位数，则会在代入整数前面补空格（%nd）或 0（%0nd），使得实际代入整数的位数是 n。例如，前面示例的第 2 行和第 3 行代码，通过 %5d 和 %05d，要求代入整数是 5 位，但实际代入整数 85 和 90 位数都为 2，所以会分别在 85 和 90 前补 3 个空格或 3 个 0。

对于占位符 %f，可以写成 %m.nf 或 %0m.nf 的形式（其中 m 和 n 都是整数），m 用于指定代入浮点数的位数，n 用于指定代入浮点数的小数位数。如果未指定 m 或 n 小于等于实际代入浮点数的位数，则将浮点数直接代入；否则，如果 m 大于实际代入浮点数的位数，则会在代入整数前面补空格（%m.nf）或 0（%0m.nf），使得实际代入浮点数的位数是 m。如果未指定 n，则默认保留 6 位小数；否则，由 n 决定小数位数，代入浮点数实际小数位数小于 n 时，则在后面补 0。例如，对于上述示例第 2 行代码，通过 %.2f 指定小数位数为 2，因此实际代入浮点数为 0.06（保留两位小数）；对于第 3 行代码，通过 %08.2f 指定代入浮点数位数为 8，不足补 0，小数位数为 2，因此实际代入浮点数为 00000.06。

- -

注意：由于 % 作为占位符的前缀字符，因此对于有占位符的字符串，表示一个 % 时需要写成 %%。例如，执行 print(" 秀比例为 %.2f%%，良好比例为 %.2f%%。"%(5.6,23.45))，输出结果为 "优秀比例为 5.60%，良好比例为 23.45%"。

- -

4.2.2　算术运算符

算术运算是计算机支持的主要运算之一，其运算对象是数值型数据，Python 支持的算术运算符见表 4.11。

表 4.11　算术运算符

运算符	说　明	示　例	结　果
+	加	1 + 2	3
−	减	1 − 2	−1
*	乘	1 * 2	2
/	除法	1 / 2	0.5
%	取余	1 % 2	1
**	幂	1**2	1
//	取整除	1 // 2	0

- -

注意：在数字的算术运算表达式求值时会进行隐式的类型转换，如果存在复数则都变成复数，如果没有复数但是有浮点数就都变成浮点数，如果都是整数则不进行类型转换。无论是哪种运算，只要有操作数是浮点数的，Python 默认得到的总是浮点数。

无论操作数是整数还是浮点数，运算符 / 运算的结果都是浮点数；对于运算符 // 则不同，如果操作数都是整数，则运算结果为整数；如果操作数中有浮点数，则预算结果为浮点数。此外，如果操作数中有负数，运算符 // 向下取整。

```
>>> 10/2
5.0
>>> 10//2
5
>>> 10.0//2
5.0
>>> -9//2
-5
```

此外，计算机实际存储数据时使用二进制方式，我们在输入和查看数据时使用十进制方式，这就涉及二进制和十进制的转换。在将输入的十进制数据保存在计算机中时，系统会自动做十进制转二进制的操作，然后将转换后的二进制数据保存；当查看计算机中保存的数据时，系统会将保存的二进制数据转成十进制，再显示出来。

然而，十进制小数在转换为二进制时有可能产生精度损失，浮点数之间的算术运算结果与实际计算结果之间可能存在偏差，1.5 乘以 2.2 应该等于 3.3，但最后输出的数据与实际计算结果存在 0.000000000000003 的偏差。

```
>>> 1.5*2.2
3.3000000000000003
```

4.2.3　赋值运算符

除了之前学习过的 "=" 赋值运算符，算术运算符可以和 "=" 组合成一些特殊的赋值运算符，以操作数 a=1，b=2 为例，操作结果见表 4.12。

表 4.12　赋值运算符

运算符	说明	示　例	结果
+=	加等于	a += b 等价于 a = a + b	2
-=	减等于	a -= b 等价于 a = a - b	-1
*=	乘等于	a *= b 等价于 a = a * b	2
/=	除等于	a /= b 等价于 a = a / b	0.5
%=	余等于	a %= b 等价于 a = a % b	1
**=	幂等于	a **= b 等价于 a = a ** b	1
//=	取整等于	a //= b 等价于 a = a // b	0

注意：赋值运算符左侧只能是一个变量名。

4.2.4　比较运算符

比较运算符也称为关系运算符，用来比较两端的操作数或表达式，结果布尔型。即为 True 或 False，通常用于条件测试。Python 支持的比较运算符，以操作数 a=1，b=2 为例，操作结果见表 4.13。

表 4.13　比较运算符

运算符	说明	示例	结果
==	等于	a==b	False
!=	不等于	a!=b	True
>	大于	a>b	False
<	小于	a<b	True
>=	大于等于	a>=b	False
<=	小于等于	a<=b	True

注意：Python 关系运算符最大的特点是可以连用，其含义与我们日常的理解完全一致。使用关系运算符的一个最重要的前提是，操作数之间必须可比较大小。例如把一个字符串和一个数字进行大小比较是毫无意义的，所以 Python 也不支持这样的运算。

4.2.5　逻辑运算符

逻辑运算符用于对布尔型数据进行运算，往往可以实现多个表达式的逻辑判断，运算结果也是布尔型。Python 支持的逻辑运算符，以操作数 a=1，b=2 为例，操作结果见表 4.14。

表 4.14　逻辑运算符

运算符	说明	示例	结　果
and	与	a and b	2（如果 a 的布尔值为 True，返回 b，否则返回 a）
or	或	a or b	1（如果 a 的布尔值为 True，返回 a，否则返回 b）
not	非	not a	False（a 为 False，返回 True；a 为 True，返回 False）

注意：and 和 or 具有惰性求值或逻辑短路的特点，当连接多个表达式时只计算必须要计算的值。

例如表达式"exp1 and exp2"等价于"exp1 if not exp1 else exp2"，而表达式"exp1 or exp2"则等价于"exp1 if exp1 else exp2"。

在编写复杂条件表达式时充分利用这个特点，合理安排不同条件的先后顺序，在一定程度上可以提高代码运行速度。

另外要注意的是，运算符 and 和 or 并不一定会返回 True 或 False，而是得到最后一个被计算的表达式的值，但是运算符 not 一定会返回 True 或 False。

4.2.6　位运算符

位运算只能用于整数，它的执行过程是先将操作数转换为二进制，然后右对齐，必要时左侧补 0，按位进行运算，最后再把结果转换为十进制返回。常见位运算符及含义见表 4.15。

按位与：1&1=1，1&0=0，0&1=0，0&0=0
按位或：1|1=1，1|0=1，0|1=1，0|0=0
按位异或：1^1=0，1^0=1，0^1=1，0^0=0
左移位：2<<2=1000B=8
左移位：8>>1=100B=4

表 4.15　位运算符

运算符	说明	示例	结　果
&	按位与	a & b	a 与 b 对应二进制的每一位进行与操作后的结果
|	按位或	a | b	a 与 b 对应二进制的每一位进行或操作后的结果
^	按位异或	a ^ b	a 与 b 对应二进制的每一位进行异或操作后的结果
~	按位取反	~a	a 对应二进制的每一位进行非操作后的结果
<<	向左移位	a << b	将 a 对应二进制的每一位左移 b 位，右边移空的部分补 0
>>	向右移位	a >> b	将 a 对应二进制的每一位右移 b 位，左边移空的部分补 0

虽然运用位运算可以完成一些底层的系统程序设计，但 Python 程序很少参与到计算机底层的技术，因此这里只需了解位运算即可。

4.2.7　身份运算符

身份运算符用于判断两个标识符是否引用同一对象，如果是则返回 True，否则返回 False。如果两个对象是同一个，两种具有相同的内存地址，具体见表 4.16。

表 4.16　身份运算符

运算符	说　明
is	如果两个标识符引用同一对象，则返回 True，否则返回 False
is not	如果两个标识符引用同一对象，则返回 False，否则返回 True

- -

注意：程序在运行时，输入数据和输出数据都存放在内存中。根据数据类型不同，其所占用的内存大小也不同。一个数据通常会占据内存中连续多个不同数据类型，其所占用的内存大小也不同。一个数据通常会占据内存中连续多个存储单元，起始存储单元的地址称为该数据的内存首地址。利用 id 函数可以查看一个数据的内存首地址。x is y 等价于 id(x)==id(y)，即判断 x 和 y 的内存首地址是否相同。

```
>>> x=1
>>> y=2
>>> x is y
False
>>> x is not y
True
>>> x,y=[1,2,3],[1.2,3]
>>> print(x is y)
False
>>> print(x==y)
False
>>> print(x is [1,2,3])
False
>>> x=y
>>> print(x is y)
True
```

Python 采用的是基于值的内存管理方式，如果为不同变量赋值为相同值（仅适用于 -5 至 256 的整数和短字符串），这个值在内存中只有一份，多个变量指向同一块内存地址。

对于列表类型的数据，无论是常量还是变量，虽然其值相同，但对应的存储单元不同，因此，两个单独定义的列表 is 运算都会返回 False。而 "==" 运算只是单纯进行值的比较，只要值相等就会返回 True。如果赋值运算符 "=" 的右操作数也是一个变量，则赋值运算后左操作数变量和右操作数变量会对应同样的存储单元。

- -

4.2.8 成员运算符

成员运算符用于判断指定序列中是否包含某个值，即测试一个对象是否为另一个对象的元素，具体见表 4.17。

表 4.17 成员运算符

运算符	说　明
in	如果在指定序列中找到值，则返回 True，否则返回 False
not in	如果在指定序列中找到值，则返回 False，否则返回 True

示例如下：

```
>>> 3 in [1, 2, 3]          # 测试3是否存在于列表 [1, 2, 3] 中
True
```

4.2.9 序列运算符

常见的序列运算符有 + 和 * 两种，它们的功能见表 4.18。

表 4.18 序列运算符

运算符	说　明
+	x+y，序列 x 和序列 y 中的元素连接，生成一个新的序列
*	x*n，序列 x 中的元素重复 n 次

示例如下：

```
>>> [1, 2, 3]+ [4, 5, 6]
[1, 2, 3, 4, 5, 6]
>>> 'He'+'llo'
'Hello'
>>> [1, 2, 3]*3
[1, 2, 3, 1, 2, 3, 1, 2, 3]
>>> 'Hello'*3
'HelloHelloHello'
```

4.2.10 运算符优先级

运算符的优先级是指在多种运算符参与运算的表达式中优先计算哪个运算符，与算术运算中"先乘除，后加减"是一样的。如果运算符的优先级相同，则根据结合方向进行计算，表 4.19 中列出了运算符从高到低优先级的顺序。

Python 会根据表 4.19 中运算符的优先级确定表达式的求值顺序，同时还可以使用小括号"()"来控制运算顺序。小括号内的运算将最先计算，因此在程序开发中，编程者不需要刻意记忆

表 4.19 运算符优先级

运算符	说　明
**	幂
~	按位取反
*、/、%、//	乘、除、取余、取整
+、−	加、减
<<、>>	左移、右移
&	按位与
^	按位异或
|	按位或
<=、<、>、>=、==、！=	比较运算符
=、%=、/=、//=、*=、**=、+=、−+	赋值运算符
is、is not	身份运算符
in、not in	成员运算符
not	非运算符
and	与运算符
or	或运算符

运算符的优先级顺序，而是通过小括号来改变优先级以达到目的。

4.3　Python 常用内置函数

内置函数（built-in functions, BIF）是 Python 内置对象类型之一，不需要额外导入任何模块即可直接使用，这些内置对象都封装在内置模块 _ _builtins_ _ 之中，用 C 语言实现并且进行了大量优化，具有非常快的运行速度，推荐优先使用。使用内置函数 dir() 可以查看所有内置函数和内置对象：

```
>>> dir(__builtins__)
```

使用 help(函数名) 可以查看某个函数的用法。Python 常用内置函数及其功能简要说明见表 4.20。

表 4.20　Python 常用内置函数

函　　数	功能简要说明
abs(x)	返回数字 x 的绝对值或复数 x 的模
all(iterable)	如果对于可迭代对象中所有元素 x 都等价于 True，也就是对于所有元素 x 都有 bool(x) 等于 True，则返回 True。对于空的可迭代对象也返回 True
any(iterable)	只要可迭代对象 iterable 中存在元素 x 使得 bool(x) 为 True，则返回 True。对于空的可迭代对象，返回 False
ascii(obj)	把对象转换为 ASCII 码表示形式，必要的时候使用转义字符来表示特定的字符
bin(x)	把整数 x 转换为二进制串表示形式
bool(x)	返回与 x 等价的布尔值 True 或 False
bytes(x)	生成字节串，或把指定对象 x 转换为字节串表示形式
callable(obj)	测试对象 obj 是否可调用。类和函数是可调用的，包含 _ _call_ _() 方法的类的对象也是可调用的
compile()	用于把 Python 代码编译成可被 exec() 或 eval() 函数执行的代码对象
complex(real, [imag])	返回复数
chr(x)	返回 Unicode 编码为 x 的字符
delattr(obj, name)	删除属性，等价于 del obj.name
dir(obj)	返回指定对象或模块 obj 的成员列表，如果不带参数则返回当前作用域内所有标识符
divmod(x, y)	返回包含整商和余数的元组 ((x-x%y)/y, x%y)
enumerate(iterable[, start])	返回包含元素形式为 (0, iterable[0]), (1, iterable[1]), (2, iterable[2]), ... 的迭代器对象
eval(s[, globals[, locals]])	计算并返回字符串 s 中表达式的值
exec(x)	执行代码或代码对象 x
exit()	退出当前解释器环境
filter(func, seq)	返回 filter 对象，其中包含序列 seq 中使得单参数函数 func 返回值为 True 的那些元素，如果函数 func 为 None 则返回包含 seq 中等价于 True 的元素的 filter 对象

续表

函　　数	功能简要说明
float(x)	把整数或字符串 x 转换为浮点数并返回
frozenset([x]))	创建不可变的集合对象
getattr(obj,name[,default])	获取对象中指定属性的值，等价于 obj.name，如果不存在指定属性则返回 default 的值，如果要访问的属性不存在并且没有指定 default 则抛出异常
globals()	返回包含当前作用域内全局变量及其值的字典
hasattr(obj, name)	测试对象 obj 是否具有名为 name 的成员
hash(x)	返回对象 x 的哈希值，如果 x 不可哈希则抛出异常
help(obj)	返回对象 obj 的帮助信息
hex(x)	把整数 x 转换为十六进制串
id(obj)	返回对象 obj 的标识（内存地址）
input([提示])	显示提示，接收键盘输入的内容，返回字符串
int(x[, d])	返回实数（float）、分数（Fraction）或高精度实数（Decimal）x 的整数部分，或把 d 进制的字符串 x 转换为十进制并返回，d 默认为十进制
isinstance(obj, class-or-type-or-tuple)	测试对象 obj 是否属于指定类型（如果有多个类型的话需要放到元组中）的实例
iter(...)	返回指定对象的可迭代对象
len(obj)	返回对象 obj 包含的元素个数，适用于列表、元组、集合、字典、字符串以及 range 对象和其他可迭代对象
list([x])、set([x])、tuple([x])、dict([x])	把对象 x 转换为列表、集合、元组或字典并返回，或生成空列表、空集合、空元组、空字典
locals()	返回包含当前作用域内局部变量及其值的字典
map(func, *iterables)	返回包含若干函数值的 map 对象，函数 func 的参数分别来自 iterables 指定的每个迭代对象
max(x)、min(x)	返回可迭代对象 x 中的最大值、最小值，要求 x 中的所有元素之间可比较大小，允许指定排序规则和 x 为空时返回的默认值
next(iterator[, default])	返回可迭代对象 x 中的下一个元素，允许指定迭代结束之后继续迭代时返回的默认值
oct(x)	把整数 x 转换为八进制串
open(name[, mode])	以指定模式 mode 打开文件 name 并返回文件对象
ord(x)	返回 1 个字符 x 的 Unicode 编码
pow(x, y, z=None)	返回 x 的 y 次方，等价于 x ** y 或 (x ** y) % z
print(value, ..., sep=' ', end='\n', file=sys.stdout, flush=False)	基本输出函数
quit()	退出当前解释器环境
range([start,] end [, step])	返回 range 对象，其中包含左闭右开区间 [start,end) 内以 step 为步长的整数
reduce(func, sequence[, initial])	将双参数的函数 func 以迭代的方式从左到右依次应用至序列 seq 中每个元素，最终返回单个值作为结果。在 Python 2.x 中该函数为内置函数，在 Python 3.x 中需要从 functools 中导入 reduce 函数再使用
repr(obj)	返回对象 obj 的规范化字符串表示形式，对于大多数对象有 eval(repr(obj))==obj

续表

函　　数	功能简要说明
reversed(seq)	返回 seq（可以是列表、元组、字符串、range 以及其他可迭代对象）中所有元素逆序后的迭代器对象
round(x [, 小数位数])	对 x 进行四舍五入，若不指定小数位数，则返回整数
sorted(iterable, key=None, reverse=False)	返回排序后的列表，其中 iterable 表示要排序的序列或迭代对象，key 用来指定排序规则或依据，reverse 用来指定升序或降序。该函数不改变 iterable 内任何元素的顺序
str(obj)	把对象 obj 直接转换为字符串
sum(x, start=0)	返回序列 x 中所有元素之和，返回 start+sum(x)
type(obj)	返回对象 obj 的类型
zip(seq1 [, seq2 [...]])	返回 zip 对象，其中元素为 (seq1[i], seq2[i], ...) 形式的元组，最终结果中包含的元素个数取决于所有参数序列或可迭代对象中最短的那个

小　结

本章主要介绍 Python 主要的基本数据类型的定义及常用操作，运算符的使用方法和优先级。

习　题

填空题

1. 列表、元组、字符串是 Python 的 _____ 序列。

2. 表达式 int('123', 2) 的值为 _____。

3. 表达式 "[3] in [1, 2, 3, 4]" 的值为 _____。

4. 表达式 [1, 2, 3]*3 的执行结果为 _____。

5. 表达式 3 ** 2 的值为 _____。

6. 表达式 3 * 2 的值为 _____。

7. 转义字符 '\n' 的含义是 _____。

8. 查看变量类型的 Python 内置函数是 _____。

9. 查看变量内存地址的 Python 内置函数是 _____。

第 5 章

Python 的控制结构

程序控制结构主要包括顺序结构、选择结构和循环结构。Python 编程中对程序流程的控制主要是通过条件语句、循环控制语句及 continue、break 完成的。本章将重点学习 Python 中控制语句的使用方法和技巧。

▎ 5.1 程序的基本结构

5.1.1 程序流程图

程序流程图是用规定的符号描述一个专用程序中所需要的各项操作或判断的图示。这种流程图着重说明程序的逻辑性与处理顺序，具体描述了微型计算机解题的逻辑和步骤。当程序中有较多循环语句和转移语句时，程序的结构将比较复杂，给程序设计与阅读造成困难。程序流程图用图的形式画出程序流向，是算法的一种图形化表示方法，具有直观、清晰、更易理解的特点。

程序流程图由处理框、判断框、起止框、连接点、流程线、输入 / 输出框、注释框等构成，并结合相应的算法，构成整个程序流程图。

处理框具有处理功能；判断框具有条件判断功能，有一个入口，二个出口；起止框表示程序的开始或结束；连接点可将流程线连接起来；流程线是表示流程的路径和方向；输入 / 输出框表示资料的输入或结果的输出，一般用于数据处理；注释框是为了对流程图中某些框的操作做必要的补充说明。常见流程图元素形状见表 5.1。

表 5.1　常见流程图元素

元素名称	图　形	元素名称	图　形
起始框		处理框	语句块
终止框			
输入/输出框	输入/输出数据	判断框	是　条件　否

5.1.2　程序控制结构

程序控制结构主要包括顺序结构、选择结构和循环结构。

1. 顺序结构

顺序结构是按照线性顺序依次执行的。其流程图如图 5.1 所示。

例如，3.4.3 小节中的例 3-1 中：

```
height = input("请输入你的身高（米）: ")       # 从键盘输入年龄并按下 Enter
weight = input("请输入你的体重（千克）: ")      # 从键盘输入体重并按下 Enter
BMI = eval(weight)/(eval(height)**2)
```

这三行代码采用的就是顺序结构。

2. 选择结构

选择结构用于判断给定的条件，根据判断的结果判断某些条件，根据判断的结果来控制程序的流程。其流程图如图 5.2 所示。

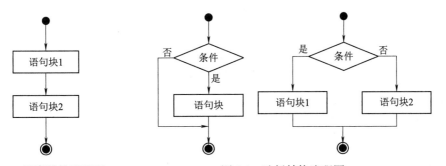

图 5.1　顺序结构流程图　　　　图 5.2　选择结构流程图

3. 循环结构

循环结构是指在程序中需要反复执行某个功能而设置的一种程序结构。它由循环体中的条件，判断继续执行某个功能还是退出循环。其流程图如图 5.3 所示。

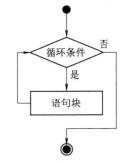

5.2　程序的选择结构

选择结构也称为分支结构，用于处理在程序中出现两条或更多执行路径可供选择的情况。选择结构可以用条件语句来实现。

图 5.3　循环结构流程图

条件语句可以给定一个判断条件，并在程序执行过程中判断该条件是否成立。程序根据判断结果执行不同的操作，这样就可以改变代码的执行顺序，从而实现更多功能。例如，用户登录景德镇陶瓷大学电子邮箱，若账号与密码都输入正确，则显示登录成功界面，否则显示登录失败界面。

Python 中条件语句有 if 语句、if...else 语句和 if...elif 语句。接下来将针对这些条件语句进行详细讲解。

5.2.1　if 语句

if 语句用于在程序中有条件地执行某些语句，其语法格式如下：

```
if 条件表达式：
    语句块        # 当条件表达式为 True 时，执行语句块
如果条件表达式的值为 True，则执行其后的语句块，否则不执行该语句块。
```

【例 5.1】用 if 语句实现 BMI 的计算。

```
# 例 5.1 BMI-1.py
height = input("请输入你的身高（米）：")        # 从键盘输入年龄并按下 Enter
weight = input("请输入你的体重（千克）：")      # 从键盘输入体重并按下 Enter
BMI = eval(weight)/(eval(height)**2)
if BMI<=18.4:                                    # 注意缩进
    print("你的 BMI 是 {}，你有点偏瘦，要多吃点呀".format(BMI))
if 18.5<=BMI<=23.9:
    print("你的 BMI 是 {}，你属于正常范围，要继续保持呀".format(BMI))
if BMI>23.9:
    print("你的 BMI 是 {}，你已经超重，要多锻炼呀".format(BMI))
```

当身高体重输入 1.6 和 50 之后，运行结果如下：

```
请输入你的身高（米）：1.6
请输入你的体重（千克）：50
你的 BMI 是 19.53，你属于正常范围，要继续保持呀
```

注意：

①每个条件后面要使用冒号（:），表示接下来是满足条件后要执行的语句块。

②使用缩进划分语句块，相同缩进数的语句在一起组成一个语句块。

5.2.2　if...else 语句

在使用 if 语句时，它只能做到满足条件时执行其后的语句块。如果需要在不满足条件时，执行其他语句块，则可以使用 if...else 语句。

if-else 语句用于根据条件表达式的值决定执行哪块代码，其语法格式如下：

```
if 条件表达式：
    语句块 1      # 当条件表达式为 True 时，执行语句块 1
else：
    语句块 2      # 当条件表达式为 False 时，执行语句块 2
```

如果条件表达式的值为 True，则执行其后的语句块 1，否则执行语句块 2。

【例 5.2】用 if...else 语句实现 BMI 的计算。

```
# 例 5.2 BMI-2.py
height = input("请输入你的身高（米）：")        # 从键盘输入年龄并按下 Enter
```

```
weight = input("请输入你的体重（千克）: ")         # 从键盘输入体重并按下 Enter
BMI = eval(weight)/(eval(height)**2)
if 18.5<=BMI<=23.9:
    print("你的 BMI 是 {:.2f}，你属于正常范围，要继续保持呀 ".format(BMI))
else:
    print("你的 BMI 是 {:.2f}，你已经偏离了正常范围（18.5-23.9）".format(BMI))
```

当身高体重输入 1.6 和 70 之后，运行结果如下：

```
请输入你的身高（米）: 1.6
请输入你的体重（千克）: 70
你的 BMI 是 27.34，你已经偏离了正常范围（18.5-23.9）
```

【例 5.3】用 if-else 语句判断今天是今年的第几天。

```
# 例 5.3 判断今天是今年的第几天
import time
date = time.localtime()                           # 获取当前日期时间
year, month, day = date[:3]
day_month = [31, 28, 31, 30, 31, 30, 31, 31, 30, 31, 30, 31]
if year%400==0 or (year%4==0 and year%100!=0):     # 判断是否为闰年
    day_month[1] = 29
if month==1:
    print(day)
else:
    print(sum(day_month[:month-1])+day)
```

5.2.3　if…elif 语句

生活中经常需要进行多重判断，例如，考试成绩在 90~100 分内，称为成绩优秀；在 80~90 分内，称为成绩良好；在 60~80 分内，称为成绩及格；低于 60 的称为成绩不及格。

在程序中，多重判断可以通过 if…elif 语句实现，其语法格式如下：

```
if 条件表达式 1:
    语句块 1 # 当条件表达式 1 为 True 时，执行语句块 1
elif 条件表达式 2:
    语句块 2 # 当条件表达式 2 为 True 时，执行语句块 2
...
elif 条件表达式 n:
    语句块 n # 当条件表达式 n 为 True 时，执行语句块 n
```

当执行该语句时，程序依次判断条件表达式的值，当出现某个表达式的值为 True 时，则执行其对应的语句块，然后跳出 if…elif 语句继续执行其后的代码。if…elif 语句的执行流程如图 5.4 所示。

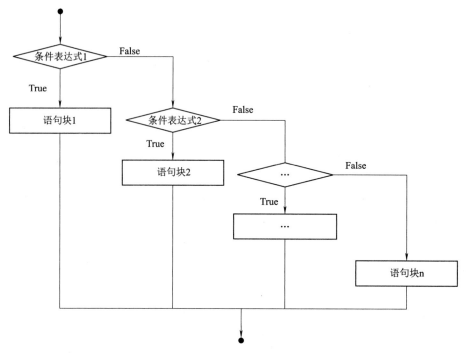

图 5.4　if...elseif...else 语句流程图

【例 5.4】用 if...else 语句实现成绩判断。

```python
# 例 5.4 成绩判断 .py
sc= int(input("请输入考试分数： "))
print("正在查询 ......")
if sc <60:
    print("成绩不及格 ")
elif 60 <= sc <=70:
    print("成绩及格 ")
elif 70 < sc <=80:
    print("成绩良好 ")
elif 80 < sc<=100:
    print("成绩优秀 ")
elif 100 < sc or sc<0:
    print("输入的考试分数有误 ")
input(" 按 Enter 键退出 ")
```

输入的考试分数为 99，运行结果如下所示：

```
请输入考试分数： 99
正在查询 ......
成绩优秀
按 Enter 键退出
```

此外，if-elif 语句后还可以使用 else 语句，用来表示 if...elif 语句中所有条件不满足时执行的语句块，其语法格式如下：

```
if 条件表达式1:
    语句块1        # 当条件表达式1为 True 时，执行语句块1
elif 条件表达式2:
    语句块2        # 当条件表达式2为 True 时，执行语句块2
...
else:
    语句块n        # 当以上条件表达式均为 False 时，执行语句块n
```

【例 5.5】用 if-elif 语句实现 BMI 的计算。

```
# 例5.5  BMI-3.py
height = input("请输入你的身高（米）: ")        # 从键盘输入年龄并按下 Enter
weight = input("请输入你的体重（千克）: ")      # 从键盘输入体重并按下 Enter
BMI = eval(weight)/(eval(height)**2)
if BMI<=18.4:
    print("你的 BMI 是 {:.2f}，你有点偏瘦，要多吃点呀".format(BMI))
elif 18.5<=BMI<=23.9:
    print("你的 BMI 是 {:.2f}，你属于正常范围，要继续保持呀".format(BMI))
else:
    print("你的 BMI 是 {:.2f}，你已经超重，要多锻炼呀".format(BMI))
```

5.2.4　if 语句嵌套

if 语句嵌套是指 if、if...else 中的语句块可以是 if 或 if...else 语句，其语法格式如下：

```
# if 语句
if 条件表达式1:
    if 条件表达式2:      # 嵌套 if 语句
        语句块2
    if 条件表达式3:      # 嵌套 if-else 语句
        语句块3
    else:
        语句块4
# if-else 语句
if 条件表达式1:
    if 条件表达式2:      # 嵌套 if 语句
        语句块2
else:
    if 条件表达式3:      # 嵌套 if-else 语句
        语句块3
    else:
        语句块4
```

注意：if 语句嵌套有多种形式，在实际编程时需灵活使用。

【例 5.6】if 嵌套判断输入的数字是否既能整除 2 又能整除 3。

```
# 例 5.6 判断输入的数字是否既能整除 2 又能整除 3
num=int(input("输入一个数字: "))
if num%2==0:
    if num%3==0:
        print ("你输入的数字可以整除 2 和 3")
    else:
        print ("你输入的数字可以整除 2, 但不能整除 3")
else:
    if num%3==0:
        print ("你输入的数字可以整除 3, 但不能整除 2")
    else:
        print ("你输入的数字不能整除 2 和 3")
```

当输入数字 9 后，运行结果如下：

```
输入一个数字: 9
你输入的数字可以整除 3, 但不能整除 2
```

- -

小知识：

在编写一个程序时，如果对部分语句块还没有编写思路，这时可以用 pass 语句来占位。它可以当作一个标记，表示未完成的代码块。

```
if BMI<=18.4:                                           # 注意缩进
    pass
```

- -

5.3 程序的循环结构

循环的意思就是让程序重复地执行某些语句。在实际应用中，当碰到需要多次重复地执行一个或多个任务时，可考虑使用循环语句来解决。循环语句的特点是在给定条件成立时，重复执行某个程序段。通常称给定条件为循环条件，称反复执行的程序段为循环体。

Python 主要有 while 循环和 for 循环两种形式的循环结构，多个循环可以嵌套使用，并且还经常和选择结构嵌套使用来实现复杂的业务逻辑。while 循环一般用于循环次数难以提前确定的情况，当然也可以用于循环次数确定的情况；for 循环一般用于循环次数可以提前确定的情况，尤其适用于枚举或遍历序列或迭代对象中元素的场合。

5.3.1 while 循环

在 while 语句中，当条件表达式为 True 时，就重复执行语句块；当条件表达式为 False 时，就结束执行语句块。while 语句的语法格式如下：

```
while 条件表达式:
    语句块 # 此处语句块也称循环体
```

while 语句中循环体是否执行，取决于条件表达式是否为 True。当条件表达式为 True 时，

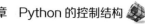

循环体就会被执行，循环体执行完毕后继续判断条件表达式，如果条件表达式为 True，则会继续执行，直到条件表达式为 False 时，整个循环过程才会执行结束。

【例 5.7】计算 1+2+3+…+100 的总和。

```
# 例 5.7 whileqiuhe.py
i , sum = 1 ,1
while  i < 100:
    i +=1
    sum +=i
print("1+2+...+100=",sum)
```

运行结果如下：

```
1+2+...+100= 5050
```

注意：while 循环体中必须要有停止运行的途径，否则就会无限循环下去。例如：

```
i , sum = 1 ,1
while  i < 100:
    sum +=i
print(i)
```

如果想退出无限循环，可以按【Ctrl+C】组合键。

5.3.2　for 循环

for 语句可以循环遍历任何序列中的元素，如列表、元组、字符串等，其语法格式如下：

```
for 元素 in 序列：
    语句块
```

其中，for、in 为关键字，for 循环一般用于循环次数可以提前确定的情况，for 后面是每次从序列中取出的一个元素。

【例 5.8】计算 1+2+3+…+100 的总和，用 for 语句实现。

```
# 例 5.8forqiuhe.py
i,sum=1,1
for i in range(1,100):
    i += 1
    sum += i
print("1+2+...+100=", sum)
```

运行结果如下：

```
1+2+...+100= 5050
```

【例 5.9】使用嵌套的循环结构打印九九乘法表。

```
# 使用嵌套的循环结构打印九九乘法表
# 例 5.9  99.py
```

```
for i in range(1, 10):
    for j in range(1, i+1):
        print('{0}*{1}={2}'.format(i,j,i*j), end='  ')
    print()
```

5.3.3　break 语句

break 语句可以使程序立即退出循环，转而执行该循环外的下一条语句。如果 break 语句出现在嵌套循环的内层循环中，则 break 语句只会跳出当前层的循环。

【例 5.10】break 语句判断素数。

```
# 例 5.10 输出指定范围内的素数
lower = int(input("输入区间最小值: "))
upper = int(input("输入区间最大值: "))
for num in range(lower,upper + 1):
    # 素数大于 1
    if num > 1:
        for i in range(2,num):
            if (num % i) == 0:
                break
        else:
            print(num)
```

运行结果如下：

```
输入区间最小值: 5
输入区间最大值: 15
5
7
11
13
```

5.3.4　continue 语句

continue 语句用于跳过当前循环体中剩余语句，然后进行下一次循环。

【例 5.11】计算小于 100 的最大素数。

```
# 例 5.11 计算小于 100 的最大素数。
for n in range(100, 1, -1):
    if n%2 == 0:
        continue
    for i in range(3, int(n**0.5)+1, 2):
        if n%i == 0:
            #结束内循环
            break
    else:
        print(n)
```

```
# 结束外循环
break
```

5.3.5　else 语句

else 语句除了可以与 if 语句搭配使用外，还可以与 while 语句、for 语句搭配使用，当条件不满足时执行 else 语句块，它只在循环结束后执行。

【例 5.12】计算 1+2+3+…+99+100 的结果。

```
# 例 5.12 计算 1+2+3+…+99+100 的结果
s = 0
for i in range(1, 101):              # 不包括 101
    s += i
else:
    print(s)
```

此处需注意，while 语句或 for 语句中有 break 语句时，程序将会跳过 while 语句或 for 语句后的 else 语句。

5.4　程序的常见错误和异常处理

异常是指程序运行时引发的错误，引发错误的原因有很多，例如，除零、下标越界、文件不存在、网络异常、类型错误、名字错误、字典键错误、磁盘空间不足等。

如果这些错误得不到正确的处理将会导致程序终止运行，而合理地使用异常处理结构可以使得程序更加健壮，具有更强的容错性，不会因为用户不小心的错误输入或其他运行时出现的原因而造成程序终止。也可以使用异常处理结构为用户提供更加友好的提示。

5.4.1　常见错误

在 Python 编程中，常见的错误和异常如下：

1. 缺少冒号引起错误

在 if、elif、else、for、while、class、def 声明末尾需要添加 "："，如果忘记添加，就会提示 "SyntaxError：invalid syntax" 的语法错误。例如：

```
if 1>10
    print(" 奇迹发生 ")
```

运行结果如图 5.5 所示。

```
>>> if 1>10
print("奇迹发生")

SyntaxError: invalid syntax
```

图 5.5　缺少冒号引起的错误

2. 将赋值运算符 = 与比较运算符 == 混淆

如果误将 = 号用作 == 号，就会提示 "SyntaxError：invalid syntax" 的语法错误。例如：

```
if 1=10:
    print(" 奇迹发生 ")
```

运行结果如图 5.6 所示。

```
>>> if 1█10:
    print("奇迹发生")
SyntaxError: invalid syntax
```

图 5.6　混淆 = 与 == 的错误

3. 代码结构的缩进错误

当代码结构的缩进量不正确时，常常会提示错误信息：

```
"IndentationError: unexpected indent"
"IndentationError: unindent does not match any outer indetation level"
"IndentationError: expected an indented block"
```

例如：

```
a=3
if a>3:
    print (" 奇迹发生 ")
else:
print (" 事实如此 ")
```

运行结果如图 5.7 所示。

```
>>> a=3
>>> if a>3:
    print ("奇迹发生")
else:
print ("事实如此")
SyntaxError: expected an indented block
>>>
```

图 5.7　缩进错误

4. 修改元组和字符串的值时报错

元组和字符串的元素值是不能修改的，如果修改它们的元素值，就会提示错误信息。例如：

```
aa=(100, 200, 300)
aa[1] =400
```

运行结果如图 5.8 所示。

```
>>> aa=(100, 200, 300)
>>> aa[1] =400
Traceback (most recent call last):
  File "<pyshell#12>", line 1, in <module>
    aa[1] =400
TypeError: 'tuple' object does not support item assignment
>>>
```

图 5.8　修改不可变数据的错误

5. 字符串首尾忘记加引号

字符串的首尾必须添加引号，如果没有添加引号或引号没有成对出现，就会提示错误"SyntaxError: EOL while scanning string literal"，如图 5.9 所示。

```
>>> print('你好，世界)
SyntaxError: EOL while scanning string literal
>>> print(你好，世界')
SyntaxError: invalid character in identifier
```

图 5.9　字符串引号不成对出现错误

6. 变量或函数名拼写错误

如果函数名或变量拼写错误，就会提示错误"NameError: name 'ab' is not defined"。例如：

```
a= '小萌新'
print(ab)
```

输出错误信息如下所示：

```
NameError: name 'ab' is not defined
```

7. 使用关键字作为变量名

Python 关键字不能用作变量名。如果使用这些关键词作为变量，就会提示错误"SyntaxError : invalid syntax"。例如：

```
else= '小萌新'
```

输出错误信息如下所示：

```
SyntaxError: invalid syntax
```

8. 变量没有初始值时使用增值操作符

当变量还没有指定一个有效的初始值时，使用增值操作符，将会提示错误"NameError: name 'obj' is not defined"。例如：

```
a -=1
```

输出错误信息如下所示：

```
Traceback (most recent call last):
File "<pyshell#0>", line 1, in <module>
a-=1
NameError: name 'a' is not defined
```

5.4.2　异常处理

总的来说，编写程序时遇到的错误可大致分为两类，分别为语法错误和运行时错误。

1. Python 语法错误

（1）try...except...

Python 异常处理结构中最简单的形式是 try...except... 结构，其中 try 子句中的代码块包含可能会引发异常的语句，而 except 子句则用来捕捉相应的异常。该结构语法如下：

```
try:
    # 可能会引发异常的代码，先执行一下试试
except Exception[ as reason]:
    # 如果 try 中的代码抛出异常并被 except 捕捉，就执行这里的代码
```

如果 try 子句中的代码引发异常并被 except 子句捕捉，就执行 except 子句的代码块；如果 try 中的代码块没有出现异常就继续往下执行异常处理结构后面的代码；如果出现异常但没有被 except 捕获，继续往外层抛出，如果所有层都没有捕获并处理该异常，程序崩溃并将该异常信息呈现给最终用户。

注意： 异常的名称可以是空白的，表示此 except 语句处理所有类型的异常。异常的名称也可以是一个或多个。可以使用不同的 except 语句处理不同的异常。

```
try:
    1/0
except ZeroDivisionError:
    print(" 数值不能除以零 ")
```

（2）try...except...else...

在这个结构中，如果 try 中的代码抛出了异常并且被 except 语句捕捉则执行相应的异常处理代码，这种情况下就不会执行 else 中的代码；如果 try 中的代码没有引发异常，则执行 else 块的代码。语法如下：

```
try:
    # 可能会引发异常的代码
except Exception [ as reason]:
    # 用来处理异常的代码
else:
    # 如果 try 子句中的代码没有引发异常，就继续执行这里的代码
```

例如：

```
def fun(n):
    try:
        if n == 1:
            data=list[1]
        elif 2<= n <= 3:
            file=open(1)
    except:
        print ("有错误发生")
    else:
        print ("没有错误发生")
fun(1)
```

```
fun(3)
fun(5)
```

运行结果如下所示：

```
有错误发生
有错误发生
没有错误发生
```

从运行结果可以看出，没有发生异常时，会执行 else 子句的流程。由此可见，当程序没有发送异常时，通过添加一个 else 子句，可以帮助我们更好地判断程序的执行情况。

（3）try...except...finally...

在这种结构中，无论 try 中的代码是否发生异常，也不管抛出的异常有没有被 except 语句捕获，finally 子句中的代码总是会得到执行。因此，finally 中的代码常用来做一些清理工作，例如释放 try 子句中代码申请的资源。该结构语法为：

```
try:
    # 可能会引发异常的代码
except Exception [ as reason]:
    # 处理异常的代码
finally:
    # 无论 try 子句中的代码是否引发异常，都会执行这里的代码
```

（4）可以捕捉多种异常的异常处理结构

在实际开发中，同一段代码可能会抛出多种异常，并且需要针对不同的异常类型进行相应的处理。为了支持多种异常的捕捉和处理，Python 提供了带有多个 except 的异常处理结构，一旦 try 子句中的代码抛出了异常，就按顺序依次检查与哪一个 except 子句匹配，如果某个 except 捕捉到了异常，其他的 except 子句将不会再尝试捕捉异常。该结构类似于多分支选择结构，语法格式为：

```
try:
    # 可能会引发异常的代码
except Exception1:
    # 处理异常类型 1 的代码
except Exception2:
    # 处理异常类型 2 的代码
except Exception3:
    # 处理异常类型 3 的代码
...
```

▌ 小　结

本章学习了条件语句与循环语句的使用，当需对某种条件进行判断，并且为真或为假要分别执行不同的语句时，可以使用 if 语句。当需要检测的条件很多，可以使用 if-else 语句。

当需重复执行某些语句，并且能够确定执行的次数时，可以使用 for 语句；假如不能确定执行的次数，可以使用 while 语句。另外，continue 语句可以使当前循环结束，并从循环的开始处继续执行下次循环，break 语句会使循环直接结束。

习　题

一、程序阅读题

1.若 k 为整数，下述 while 循环执行的次数为：_____。

```
k=1000
while k>1:
    print(k)
    k=k//2
```

2.下面程序的执行结果是_____。

```
s = 0
for i in range(1,101):
    s += i
else:
    print(1)
```

3.下面程序的执行结果是_____。

```
s = 0
for i in range(1,101):
    s += i
    if  i == 50:
        print(s)
        break
else:
    print(1)
```

4.下面程序的执行结果为_____。

```
for num in range(2,10):
        if  num%2 == 0:
                continue
        print("Find a odd numer",num)
```

二、编程题

1.编写程序，运行后用户输入四位整数作为年份，判断其是否为闰年。如果年份能被 400 整除，则为闰年；如果年份能被 4 整除但不能被 100 整除也为闰年。

2.编写程序，输出九九乘法表。

3.编写程序，实现分段函数计算，如下表所示。

x	y
x<0	0
0<=x<5	x
5<=x<10	3x-5
10<=x<20	0.5x-2
20<=x	0

4. 输入一串字符，统计每个字符数，用字典输出。

5. 编程实现"鸡兔同笼问题"，其内容是："今有雉（鸡）兔同笼，上有三十五头，下有九十四足，问雉兔各几何"。

6. 输入若干个学生某门课程成绩，求出这些学生成绩的平均值、最大值和最小值。

第6章

函数和代码复用

在计算机编程中，经常有一些逻辑算法需要在不同的地方重复利用。函数允许将代码整合成一个功能模块，并且此功能模块能重复使用。在 Python 程序中函数不仅可以提高程序的模块性，最大程度地减少代码冗余，而且有利于后期的代码维护。

函数是组织好的，可重复使用的，用来实现单一或者相关联功能的代码段。函数也可以看作是一段具有名字的子程序，可以在需要的地方调用执行，不需要在每个执行的地方重复编写这些语句。

函数能够完成特定功能，用户对函数的使用不需要了解函数内部实现原理，只要了解函数的输入 / 输出方式即可。用户编写的函数称为自定义函数，Python 安装包也自带了一些函数和方法，如：Python 内置的函数、Python 标准库中的函数等。

▌ 6.1 函数的基本使用

我们首先来学习函数的基本用法。

6.1.1 函数定义

在 Python 中使用 def 关键字来定义函数，def 后是一个空格和函数名称，接下来是一对圆括号，在括号内是形式参数（简称形参）列表，如果有多个参数则使用逗号分隔开，括号之后是一个冒号和换行，最后是函数体代码。

在 Python 中定义函数的基本语法如下：

```
def 函数名 (参数列表):
    函数体
return 返回值
```

定义函数时在语法上需要注意：

①函数不需要接收任何参数，也必须保留一对空的括号；

②函数体相对于 def 关键字必须保持一定缩进；

③ return 表示结束函数，选择性地返回一个值给调用方。Python 中的函数允许没有返回值，或使用不带表达式的 return，相当于返回 none。return 也可以返回多个值，中间以逗号隔开，等同于返回一个元组。

6.1.2 函数调用

函数的调用非常简单，只需要使用"函数名 ()"即可，当存在参数时传入相应的参数，此时参数称为实参。默认情况下，参数值和参数名称是按照函数中定义的顺序进行匹配。

【例 6.1】编写一个函数用于计算长方形的面积。

```
def RectangeArea(length,width):
    area=length*width
    return area
# 该函数调用方式:
RectangeArea(3,5)              # 计算长为 3 宽为 5 的长方形面积
```

6.2 函数的参数传递

函数定义时括号内是使用逗号分隔开的形参列表（parameters），函数可以有多个参数，也可以没有参数，但定义和调用时必须有一对括号，表示这是一个函数并且不接收参数。调用函数时向其传递实参（arguments），根据不同的参数类型，将实参的值或引用传递给形参。定义函数时不需要声明参数类型，Python 解释器会根据实参的类型自动推断形参类型。

6.2.1 位置参数

函数调用时，实参默认采用按照位置顺序的方式传递给函数，例如 RectangeArea(3,5)（6.1.2 中例子）中第一个实参默认赋值给形参 length，第二个实参赋值给形参 width。当参数很多时，这种调用参数的方式可读性较差。

【例 6.2】设计一个函数名为 distance() 有 4 个参数，它的定义如下，其中参数分别表示两组二维坐标值。

```
def distance(x1,y1,x2,y2):
    print("第一个坐标为 ( %s , %s )   第二个坐标为 ( %s , %s )" % (x1,y1,x2,y2))
# 此函数实际调用方法为:
distance(1,1,2,2)
```

此时调用函数时参数位置不可随意变动。

6.2.2 关键字参数

如果仅看实际调用而不看函数定义，很难理解上面例 6.2 中 distance(1,1,2,2) 这些输入参数的含义，可读性较差。为了解决此问题，Python 提供了按照形参名称输入实参的方式，称为关键字参数。此时调用例 6.2 中的函数：

```
distance(x1=1,y1=1,x2=2,y2=2)
```

运行结果为：

```
第一个坐标为 ( 1 , 1 )   第二个坐标为 (2 , 2 )
```

使用关键字参数时函数调用指定了形参名称，调用函数时参数位置可变动，例如：

```
distance(x1=1,x2=2,y1=1,y2=2)
```

运行结果为：

```
第一个坐标为 ( 1 , 1 )   第二个坐标为 (2 , 2 )
```

注意：位置参数和关键字参数可以混合使用，但必须是位置参数在前、关键字参数在后，如将调用函数代码改为 distance(x1=1,y1=1,2,2)，即前 2 个参数使用了关键字参数形式，后 2 个参数使用了位置参数形式，则系统会给出错误提示：

```
SyntaxError: positional argument follows keyword argument
```

即位置参数跟在了关键字参数的后面，在 Python 中不允许这种情况。

6.2.3 默认值参数

在使用 Python 语言定义函数时，可为形参设置默认值，即可以在定义函数时直接为部分参数指定默认值，在调用程序时可以不为设置了默认值的形参进行传值。当函数被调用时，如果这些形参没有传入对应的实参，则使用函数定义时的默认值替代；如果这些参数有传入对应的实参，可以通过实参值来替换其默认值。带有默认值参数的函数定义语法如下：

```
def 函数名 (…, 形参名 = 默认值 ):
    函数体
return 返回值
```

【例 6.3】使用默认值参数的函数编写计算长方形面积。

```
def RectangeArea1(length , width=5):      # 计算长方形的面积，length 为默认值参数
   area=length*width
   print(area)
# 调用函数示例①，使用函数定义时的默认值：
   RectangeArea1(3)     # 此时函数 RectangeArea() 内参数 width 值为默认值 5
```

输出结果：

```
15
# 调用函数示例②，使用实参替换默认值：
RectangeArea1(3 , 4)     # 此时函数 RectangeArea() 内参数 width 值为输入的实参值 4
```

输出结果为：

```
15
12
```

6.2.4 可变长度参数

可变长度参数，即在调用函数时可以接收任意数量的实参，这些实参在传递给函数时会被封装成元组或字典形式。

带可变长度参数的函数的定义方法如下所示：

```
def 函数名 ( 普通形参 ,…, 普通形参 , * 可变长度参数 , ** 可变长度参数 ) :
    函数体
```

其中，* 表示可变长度参数接收的实参封装成元组，** 可变长度参数接收的实参封装成字典。

　　一般情况下，可变长度参数放在形参列表的最后，前面传入的实参与普通形参一一对应，而后面剩余的实参会在被封装成元组或字典后传给不定长参数。

　　【例 6.4】 定义函数，用于输出姓名和考试分数。

```
def scores1(name , *score):
    print('姓名: ' , name , ',分数: ', score)
def scores2(name , **score):
    print('姓名: ' , name , ',分数: ', score)
# 调用如下:
scores1('张三' , 76 , 85 , 94)
scores2('张三' , yw=76 , sx=85 , yy=94)
```

运行结果为:

```
姓名: 张三, 分数: (76 , 85 , 94)
姓名: 张三, 分数: {'yw':76 , 'sx':85 , 'yy':94}
```

　　对于使用位置参数形式的不定长参数，Python 也允许将普通形参放在不定长参数后面，但此时要求在调用函数时必须使用关键字参数方式给不定长参数后面的形参传递实参（对于有默认参数的形参，在调用函数时也可以不传入相应实参）。但是非常不建议这样做，因为这会使得代码非常混乱而严重降低可读性，并导致程序调用时查错非常困难。

6.2.5　函数的返回值

　　如果希望将一个函数的运算结果返回到调用函数的位置，从而可以继续用该运算结果参与其他运算，那么应使用 return 语句。通过 return 不仅能够返回数值数据，也可以返回字符串、列表、元组等数据。Python 中的函数也允许没有返回值，或使用不带表达式的 return，都相当于返回 none。

　　【例 6.5】 本例将修改例 6.1 计算长方形面积内容，说明如何利用 return 语句将函数中的运算结果返回到函数调用的位置，以及如何使用返回结果参与其他运算。

　　函数代码:

```
def RectangeArea(length,width):
    area=length*width
    return area
```

　　现有长方形 A（长为 10，宽为 5），以及长方形 B（长为 7，宽为 6），需要分别输出两个长方形的面积，代码如下:

```
Aarea=RectangeArea(10 , 5)
Barea=RectangeArea(7 , 6)
print("长方形 A 的面积为: %d, 长方形 B 的面积为: %d。" , %(Aarea , Barea))
```

运行结果为：

长方形 A 的面积为：50，长方形 B 的面积为：42。

此时 RectangeArea(10，5) 返回的结果赋值给变量 Aarea，RectangeArea(7，6) 返回的结果赋值给变量 Barea。

函数的返回值不一定要赋给一个变量保存，也可以直接参与运算。若想输出两个长方形面积之和，可用如下代码调用函数：

```python
print("长方形 A 与长方形 B 的面积之和为：%d。"， % (RectangeArea(10，
5)+RectangeArea(7，6)))
```

等价于：

```python
sum=RectangeArea(10，5)+RectangeArea(7，6)
print("长方形 A 与长方形 B 的面积之和为：%d。"， % sum)
```

等价于：

```python
Aarea=RectangeArea(10，5)
Barea=RectangeArea(7，6)
print("长方形 A 与长方形 B 的面积之和为：%d。"， % (Aarea+Barea))
```

三种方法运行结果均为：

长方形 A 与长方形 B 的面积之和为：92。

6.2.6　变量的作用域

在 Python 中一个程序的变量包括两类：全局变量和局部变量。

1. 全局变量

全局变量指在所有函数之外定义的变量，一般没有缩进，在程序执行全过程有效。

【例 6.6】现有两个函数分别输出全局变量、局部变量。

```python
def global_variable():
    print("输出全局变量x：%d" % x)
def variable():
    x=100
    print("输出局部变量x：%d" % x)
x=10
global_variable()
variable()
global_variable()
```

运行结果为：

输出全局变量x：10
输出局部变量x：100
输出全局变量x：10

此例中，函数 global_variable() 直接输出全局变量 x 的值，函数 variable() 实际上是新定义了一个局部变量 x 并赋值 100。由第二次调用函数 global_variable() 的输出结果可以看出，函数 variable() 并没有改变全局变量 x 的值。

2. 局部变量

局部变量指在函数内部使用的变量，其作用域是从定义局部变量的位置至函数结束的位置。

【例 6.7】局部变量的作用范围示例。

```
var = ' 全局变量 '
print("var是 ", var)
def local_variables():
    var=' 局部变量 '
    print("var是 ", var)
local_variables()
print("var是 ", var)
```

运行结果为：

```
var是全局变量
var是局部变量
var是全局变量
```

此例中，函数 local_variables() 中的变量 var 与函数外的变量 var 同名，但从输出结果可以看出，这两个同名变量并不是同一个变量。函数 local_variables() 内部的变量 var 作用域只存在于变量定义位置至函数结束。

3. global 关键字

Python 也支持函数内部定义全局变量，函数中变量简单数据类型变量在用 global 保留字声明后，作为全局变量使用，函数退出后该变量保留且值被函数改变。

【例 6.8】global 关键字声明的变量范围示例。

```
def global_variable():
    print(" 输出全局变量 x: %d" % x)
def variable():
    global x=100
    print(" 输出全局变量 x: %d" % x)
x=10
global_variable()
variable()
global_variable()
```

运行结果为：

```
输出全局变量x: 10
输出局部变量x: 100
输出全局变量x: 100
```

6.3　代码复用和模块化设计

本节介绍代码的复用和一些高级应用：递归、高阶函数、lambda 函数、装饰器。

6.3.1　递归

递归是指一个函数在函数体内部通过调用自身来求解问题，是一种常用的代码复用方法。当我们分析问题时，发现该问题可以被分解为若干层解法相同的子问题，此时就可以使用递归方法。例：现在需要写一个函数求解 n！，可以将问题分解为：$n*(n-1)!$；后续又可以将 $(n-1)!$ 问题分解为 $(n-1)(n-2)!$；继续将 $(n-2)!$ 分解为 $(n-2)(n-3)!$；……；最后分解到 1。接着将结果依次返回。

【例 6.9】使用递归函数求解 n！。

```
def recursion(n):
    if n==1:                        # 当问题分解到求1！的时候，直接返回1
        return 1
    else:                           # 否则将n！问题分解为n*(n-1)！
        return n*recursion(n-1)
# 以上为求解n！问题的程序主体，当要求解6！时直接调用程序：
print(recursion(6))
```

运行结果为：

```
720
```

此程序执行过程分解如下：

调用 recursion(6) 时，返回 6*recursion(5)；

调用 recursion(5) 时，返回 5*recursion(4)；

调用 recursion(4) 时，返回 4*recursion(3)；

调用 recursion(3) 时，返回 3*recursion(2)；

调用 recursion(2) 时，返回 2*recursion(1)；

调用 recursion(1) 时，返回 1；

然后逐层返回：

1；1*2=2；2*3=6；6*4=24；24*5=120；120*6=720。

于是最后输出结果：720。

6.3.2　高阶函数

高阶函数是一种将函数作为参数使用的函数。

【例 6.10】高阶函数定义时形参包含一个传入的函数。

```
def shuchu( f , x ,y ):            # 定义高阶函数，此时形参f为一个函数
    print(x, '+' , y , '=' , f(x,y) )   # 此时f(x,y)为调用传入的函数
def add(x,y):                      # 定义函数返回加法结果
    z=x+y
    return z
```

```
# 调用函数
shuchu(add,1,2)
shuchu(add,3,5)
```

输出结果如下：

```
1+2=3
3+5=8
```

在本例中执行 shuchu(add,1,2) 时，shuchu 函数内部调用 f(x,y) 实际是调用 add(1,2)。

6.3.3　lambda 函数

lambda 函数是一种不使用 def 关键字定义函数的函数形式，也称为匿名函数。常用来表示内部仅包含 1 行的表达式函数，lambda 函数格式如下：

```
lambda[ 参数 1, 参数 2,…, 参数 n]: 表达式
```

其中 lambda 为关键字；[参数 1, 参数 2,…, 参数 n] 包含不定量个数的参数，是一个参数列表；表达式为函数执行的内容。

【例 6.11】设计一个求两个数之和的函数，然后输出 3 与 4 的和，看看定义一个普通函数和定义一个 lambda 函数是否有区别。

```
def add(x,y):    # 定义函数返回加法结果
    z=x+y
return z
print(add(3,4))
# 定义一个 lambda 函数：
f=lambda [x,y]: x+y
print(f)
```

以上两个案例的输出均为 7。

相比普通函数，使用 lambda 函数的好处在于：

①对于单行函数，lambda 函数可以省去定义函数的过程，代码更加简洁；

②对于不需要多次重复使用的函数，lambda 函数表达式可以在用完后立即释放，提高性能。

但 lambda 函数仅能用于包含单行表达式的函数体。

6.3.4　装饰器

装饰器本质上就是一个函数，可以使其他函数在不需要修改的情况下增加功能代码。它由两层函数组成，外层函数参数有且仅有一个形参，用于接收要装饰的函数，内层函数调用该形参表示要装饰的函数的代码。一个装饰器可以为多个函数注入代码，一个函数可以接收多个装饰器的代码。

【例 6.12】装饰器的定义与使用示例。

```
# 定义一个装饰器：
def decorator1(func):
```

```
    print("第一个装饰器开始了")
    def inner1():              # 定义内层函数
        print("decorator1 start")
        func()                 # 指代被装饰的函数
        print("decorator1 end")
    return inner1()


# 开始装饰函数
@decorator1
def myfunc():
    print("执行被装饰函数")
    # 调用函数
    myfunc()
```

运行结果为：

```
第一个装饰器开始了
decorator1 start
执行被装饰函数
decorator1 end
```

请注意装饰器中的返回值，装饰器没有返回值 return 时，只会调用外层函数，不会调用内层函数，当重新定义装饰器 decorator1 为：

```
def decorator1(func):
    print("第一个装饰器开始了")
    def inner1():                # 定义内层函数
        print("decorator1 start")
        func()                   # 指代被装饰的函数
        print("decorator1 end")
# 注意此时删掉 return inner1() 语句
# 开始装饰函数
@decorator1
def myfunc():
    print("执行被装饰函数")
# 调用函数
    myfunc()
```

运行结果为：

```
第一个装饰器开始了
```

小　结

本章首先介绍函数的基本使用——定义函数、调用函数，然后讲述函数的参数传递过程，包括各类型参数、函数的返回值、变量的作用域，最后讲述了递归、高阶函数、lambda() 函数、装饰器这些函数的高阶应用。

习　题

1. 编写函数 area(r)，该函数可以根据半径 r 求出一个圆的面积，调用 area(r) 求半径分别为 3.5，2.9 的圆面积，并求出外圆半径为 6.2，内圆半径为 3.3 的圆环面积，结果保留两位小数。

2. 编程实现在屏幕上输出九九乘法表。

3. 编写一个函数输出所有的水仙花数。所谓水仙花数是指一个三位数，各个位上的数的立方相加在一起等于这个三位数，比如 $153 = 1^3 + 5^3 + 3^3$。

第7章

组合数据类型

前文介绍的整数类型、浮点数类型和复数类型都是数字类型，这些类型只能表示一个数据，这种表示单一数据的类型称为基本数据类型。然而，实际生活中却存在大量同时处理多个数据的情况，这需要将多个数据有效组织起来并统一表示，这种类型的数据称为组合数据类型。

组合数据类型能够将多个同类型或不同类型的数据组织起来，通过单一的表示使数据操作更有序、更容易。根据数据之间的关系，组合数据类型可以分为3类：序列类型、集合类型和映射类型。

序列类型是一个元素向量，元素之间存在先后关系，可存在相同元素，如字符串、元组、列表。

集合类型是一个元素集合，元素之间无序，相同元素在集合中唯一存在，仅有集合。

映射类型是"键 - 值"数据项的组合，每个元素是一个键值对，表示为 (key : value)，称之为字典。

除上述分类方法外，Python 中的对象类型还可以分为：可变类型和不可变类型。

可变类型，即可以对该类型对象中保存的元素值做修改，如列表、字典都是可变类型。

不可变类型，即该类型对象所保存的元素值不允许修改，只能通过给对象整体赋值来修改对象所保存的数据。但此时实际上就是创建了一个新的不可变类型的对象，而不是修改原对象的值，如数字、字符串、元组都是不可变类型。

7.1 列表

列表（list）是最重要的 Python 内置对象之一，列表的长度和内容都是可变的，可自由对列表中的数据项进行增加、删除或替换，当列表增加或删除元素时，列表对象会自动进行内存的扩展或收缩。列表没有长度限制，元素类型可以不同，使用非常灵活。

7.1.1 创建与访问列表

列表是用一对中括号（[ ]）括起来的多个元素的有序集合，各元素之间用逗号分隔。如果一个列表中不包含任何元素，则该列表就是一个空列表。

【例 7.1】创建与访问列表示例。

```
list1=[ 1 , 'hello' , '列表' ] # 创建列表对象并将其赋给变量 list1
list2=[ ]                      # 创建不包含任何元素的空列表并将其赋给变量 list2,
```

```
print ( "list1 的值为 ", list1)
print ( "list2 的值为 ", list2)
```

运行结果如下：

```
list1 的值为 [ 1 , 'hello' , '列表' ]
list2 的值为 [ ]
```

7.1.2 拼接列表

Python 中可以通过 '+' 运算符将多个列表连接在一起，生成一个新的列表。乘法运算符 '*' 可以用于列表和整数相乘，表示序列重复，返回新列表。

【例 7.2】使用 '+' 和 '*' 拼接列表。

```
list3=[ 'hello' , 'world' ]
list4=[ '你好' , '世界' ]
list3_4=list3 + list4
list4_3=list4 + list3
print( list3_4 )
print( list4_3 )
list3=list3*2
print( list3)
```

运行结果为：

```
[ 'hello' , 'world' , '你好' , '世界' ]
[ '你好' , '世界' , 'hello' , 'world' ]
[ 'hello' , 'world' , 'hello' , 'world' ]
```

list3_4 与 list4_3 输出的值就是 list3 与 list4 拼接的结果（注意 list3 与 list4 的位置）。

7.1.3 访问列表元素

创建列表之后，可以使用整数作为下标来访问其中的元素。

【例 7.3】访问列表元素示例。

```
list5=[1 , 2 , 3 , 4 , 5 , 6]
print( list5 )
print( list5[0] ,list5[1] , list5[2])
print( list5[-1] ,list5[-2] , list5[-3])
```

运行结果为：

```
[1 , 2 , 3 , 4 , 5 , 6]
123
654
```

例 7.3 中使用整数作为下标访问列表元素，其中下标为 0 表示访问列表的第 1 个元素，下标为 1 表示访问列表的第 2 个元素，下标为 2 表示访问列表的第 3 个元素；列表还支持使用负整数作为下标，其中下标为 -1 表示访问列表的最后一个元素，下标为 -2 表示访问列表的倒数第 2 个元素，下标为 -3 表示访问列表的倒数第 3 个元素，以此类推。

7.1.4　列表常用内置函数

列表、元组、字典、集合、字符串等 Python 组合类型数据有很多操作是通用的，而不同类型的序列拥有不同特性，有一些特有的方法或者支持某些特有的运算符和内置函数。列表对象常用的方法见表 7.1。列表是序列类型，因此，表 7.1 中最后 5 个函数都可应用于其他序列类型（元组、字符串）。

表 7.1　列表类型常用函数或方法

函数或方法	描　　述
ls[i]=x	替换列表 1s 第 i 数据项为 x
ls[i:j]= lt	用列表 lt 替换列表 ls 中第 i 到第 j 项数据（不含第 j 项，下同）
ls[i: j: k] = lt	用列表 lt 替换列表 ls 中第 i 到第 j 项以 k 为步数的数据
del ls[i:j]	删除列表 ls 第 i 到第 j 项数据，等价于 1s[i:j]=门
del ls[i: j: k]	删除列表 ls 第 i 到第 j 项以 k 为步数的数据
ls+=lt 或 1s.extend(1t)	将列表 lt 元素增加到列表 Is 中
ls *= n	更新列表 ls，其元素重复 n 次
ls.append(x)	在列表 ls 最后增加一个元素 x
ls.clear()	删除 ls 中的所有元素
ls.copy()	生成一个新列表，复制 ls 中的所有元素
ls.insert(i, x)	在列表 ls 的第 i 位置增加元素 x
ls.pop(i)	将列表 ls 中的第 i 项元素取出并删除该元素
ls.remove(x)	将列表中出现的第一个元素 x 删除
ls.reverse(x)	列表 ls 中的元素反转
len(s)	序列 s 的元素个数（长度）
min(s)	序列 s 中的最小元素
max(s)	序列 s 中的最大元素
s.index(x[, i[, j]])	序列 s 中从 i 开始到 j 位置中第一次出现元素 x 的位置
s.count(x)	序列 s 中出现 x 的总次数

7.2　元组

列表的功能虽然很强大，但负担也很重，在很大程度上影响了运行效率，有时并不需要那么多功能，元组（tuple）正是这样一种类型。元组与列表相似，都可以用于顺序保存多个元素，但元组是一种不可变类型，元组中的元素不能修改。对于只需要读取而不需要修改的元素序列，应优先使用元组。

7.2.1　创建与访问元组

元组的所有元素放在一对圆括号"（ ）"中，元素之间使用逗号分隔，如果元组中只有一

个元素则必须在最后增加一个逗号。

【例 7.4】创建与访问元组示例。

```
tuple1=( 1 , 'hello' , '元组' )     # 创建列表对象并将其赋给变量 list1
tuple2=( )                          # 创建不包含任何元素的空列表并将其赋给变量 list2
tuple3=( 3 )                        # 创建单个元素的元组时不加逗号
tuple4=( 3, )                       # 创建单个元素的元组时加逗号
print ( "tuple1 的值为 ", tuple1)
print ( "tuple2 的值为 ", tuple2)
print ( tuple3 ," 的类型为 ", type( tuple3))
print ( tuple4 ," 的类型为 ", type( tuple4))
```

运行结果为：

```
tuple1 的值为 ( 1 , 'hello' , '元组' )
tuple2 的值为 ( )
3 的类型为 <class 'int'>
(3, ) 的类型为 <class 'tuple'>
```

例中变量 tuple3 的值为整型变量，变量 tuple4 的值为元组型变量。

7.2.2　元组与列表的异同

列表和元组都属于序列类型，都支持使用双向索引访问其中的元素，以及使用 count()、index()、len()、map() 等 python 内置函数和 +、*、in 等运算符也都可以作用于列表和元组。

虽然列表和元组有着一定的相似之处，但在本质上和内部实现上都有着很大的不同，元组属于不可变 (immutable) 序列。

元组不可以直接修改元组中元素的值，也无法为元组增加或删除元素。所以元组没有 append()、extend()、insert()、remove() 等方法，也不支持对元组元素进行 del 操作，不能从元组中删除元素，但可以使用 del 命令删除整个元组。表 7.2 为元组类型的常用函数或方法。

表 7.2　元组类型常用函数或方法

函数或方法	描　　述
len(s)	元组 s 的元素个数（长度）
min(s)	元组 s 中的最小元素
max(s)	元组 s 中的最大元素
s.count(x)	元组 s 中出现 x 的总次数

7.3　集合

集合（set）中的元素不可重复，元素类型只能是整数、浮点数、字符串、元组等不可变的数据类型，列表、字典和集合类型本身都是可变的数据类型，则不能作为集合的元素出现。

7.3.1　创建与访问集合

创建集合对象时直接将集合赋值给变量即可。也可以使用 set() 函数将列表、元组、字符串、

range 对象等其他可迭代对象转换为集合，如果原来的数据中存在重复元素，则在转换为集合的时候只保留一个。如果原序列或迭代对象中有不可哈希的值，无法转换成为集合。

【**例 7.5**】创建与访问集合示例。

```
set1={ 1 , 'hello' , '集合' }
print(set1)
set2=set( ( 2 , 'hello' , '元组' ) )
set3=set( ( 2 , 3 , 3 ) )
print(set2)
print(set3)
```

运行结果为：

```
{ 1 , 'hello' , '集合' }
{ 1 , 'hello' , '元组' }
{ 2 , 3}
```

7.3.2　集合操作与运算

集合同列表类型一样是一种可变类型的数据，不同的是集合是一种无序序列，因此集合的常用函数和方法部分于列表一致，如 add(x)、clear()、copy()、pop()、remove() 方法。此外集合还支持数学上的交集、并集、差集等数学上的集合运算。具体内容见表 7.3。

表 7.3　集合类型常用函数或方法

函数或方法	描　　述
S.add(x)	为集合 S 增加新元素 x，如果该元素已存在则忽略该操作
S.clear()	删除 S 中的所有元素
S.copy()	生成一个新集合，复制 S 中的所有元素
S.pop()	随机删除并返回集合中的一个元素，如果集合为空则抛出异常
S.remove(x)	将集合中出现的元素 x 删除
len(S)	集合 S 的元素个数（长度）
S-T 或 S.difference(T)	返回一个新集合，包括在集合 S 中但不在集合 T 中的元素
s-=T 或 S.difference_update(T)	更新集合 S，包括在集合 S 中但不在集合 T 中的元素
S&T 或 S.intersection(T)	返回一个新集合，包括同时在集合 S 和 T 中的元素
S&=T 或 S.intersection_update(T)	更新集合 S，包括同时在集合 S 和 T 中的元素返回一个新集合，包括集合 S 和 T 中的元素，但不包括同
S^T 或 s.symmetric_difference(T)	返回一个新集合，包括集合 S 和 T 中的元素，但不包括同时在其中的元素
S=^T 或 s.symmetric_difference_update(T)	更新集合 S，包括集合 S 和 T 中的元素，但不包括同时在其中的元素
S|T 或 S.union(T)	返回一个新集合，包括集合 S 和 T 中的所有元素
s=|T 或 S.update(T)	更新集合 S，包括集合 S 和 T 中的所有元素
S<=T 或 S.issubset(T)	如果 S 与 T 相同或 S 是 T 的子集，返回 True，否则返回 Falsc
S>=T 或 S.issuperset(T)	如果 S 与 T 相同或 S 是 T 的超集，返回 True，否则返回 False

7.4　字典

字典（dict）反映了对应关系的映射类型。访问列表中元素时，可以通过列表的位置索引去访问列表元素。

字典是包含若干"键：值"元素的无序可变序列，字典中的每个元素包含用冒号分隔开的"键"和"值"两部分，表示一种映射或对应关系，也称为关联数组。字典中元素的"键"可以是 Python 中任意不可变类型数据，如整数、实数、复数、字符串、元组等类型的可哈希数据、但不能使用列表、集合、字典或其他可变类型作为字典的"键"。

7.4.1　创建与访问字典

定义字典时，每个元素的"键"和"值"之间用冒号分隔，不同元素之间用逗号分隔，所有的元素放在一对大括号"{}"中。字典中的"键"不允许重复，"值"是可以重复的。Python 还支持使用 dict() 函数定义字典。

【例 7.6】创建与访问字典示例。

```
dict1={ " 张三 " : "2020 级 " , " 李四 " : "2021 级 " , " 王五 " : "2021 级 " }
```

等价于：

```
key=[ " 张三 " , " 李四 " , " 王五 " ]
value=["2020 级 " , "2021 级 " , "2021 级 "]
dict1=dict(zip(key , value))
```

等价于：

```
dict1={ " 张三 "= "2020 级 " , " 李四 " ="2021 级 " , " 王五 " = "2021 级 " }
```

访问字典元素字时，根据提供的"键"访问对应的"值"，如果字典中不存在这个"键"会抛出异常。

```
print(dict1[" 张三 "])
```

运行结果为：

```
2020 级
```

7.4.2　操纵字典元素

与其他数据类型不同，当以指定"键"为下标为字典元素赋值时，有两种含义：
①若该"键"存在，则表示修改该"键"对应的值；
②若该"键"不存在，则表示添加一个新的"键：值"对，也就是添加一个新元素。例如：
【例 7.7】修改字典元素示例。

```
dict2={ "name": " 小明 " , "yw":85 , "sx":90}
dict2["yw"]=88
print(dict2)
dict2["yy"]=80
print(dict2)
```

运行结果为：

```
{ "name": " 小明 " , "yw":88 , "sx":90}
{ "name": " 小明 " , "yw":88 , "sx":90 , "yy":80}
```

除上述此方法修改字典元素外，字典类型还有常用的函数或方法，见表 7.4。

表 7.4　字典类型常用函数或方法

函数或方法	描　　述
D.keys()	返回所有的键信息
D.values()	返回所有的值信息
D.items()	返回所有的键值对
D.get(<key>,<value>)	键存在则返回相应值，否则返回默认值
D.update(T)	将字典 T 的 "键：值" 添加到字典 D 中，如果两个字典中存在相同的 "键"，则以另一个字典中的 "值" 为准对当前字典进行更新。
D.pop(<key , value>)	键存在则返回相应值，同时删除键值对，否则返回默认值
D.popitem()	随机从字典中取出一个键值对，以元组 (key,value) 形式返回
D.clear()	删除所有的键值对
del D[<key>]	删除字典中某一个键值对
<key> in D	如果键在字典中则返回 True，否则返回 False

7.5　高级应用

Python 还支持序列、集合和字典的一些高级应用，包括切片、列表生成表达式、生成器与迭代器浅拷贝与深拷贝。

7.5.1　切片

切片（slite）是 Python 的重要操作之一，除了适用于列表、元组、字符串、range 对象。切片操作格式如下：

```
序列名 [ begin , end , step]
```

序列名：列表、元组、字符串、range 对象类型数据的参数名，表示切片操作对象。

begin：要取出元素的起始下标，应为整数；当值为负数时，从后向前倒序选取取出元素的起始下标；也可省略，省略时起始下标为元素的第一位。

end：要取出元素的结束下标，应为整数；当值为负数时，从后向前倒序选取取出元素的结束下标；也可省略，省略时结束下标为元素的最后一位。

step：步长，应为整数，可省略，省略时默认值为 1。从前向后取元素时，步长应该为正；而从后向前取元素时，步长应该为负。

【例 7.8】切片示例。

```
ls=list( range( 20 ))
```

```
print(ls)
print(ls[ 1 : 10 ])
print(ls[ : 10 ])
print(ls[1 : -3])
print(ls[15 : ])
print(ls[ : : 2])
print(ls[:-2:2])
print(ls[:4:-2])
```

运行结果为：

```
[0, 1, 2, 3, 4, 5, 6, 7, 8, 9, 10, 11, 12, 13, 14, 15, 16, 17, 18, 19 ]
[1, 2, 3, 4, 5, 6, 7, 8, 9 ]
[0, 1, 2, 3, 4, 5, 6, 7, 8, 9 ]
[1 ]
[15, 16, 17, 18, 19 ]
[0, 2, 4, 6, 8, 10, 12, 14, 16, 18]
[0, 2, 4, 6]
[9, 7, 5]
```

列表的切片操作具有最强大的功能。不仅可以使用切片来截取列表中的任何部分返回得到一个新列表，也可以通过切片来修改和删除列表中部分元素，甚至可以通过切片操作为列表对象增加元素。

7.5.2 列表生成表达式

创建列表的方法除了前面章节介绍的 list()、rang() 方法，还可以使用列表生成表达式。列表生成表达式利用 for、if 以及一些运算来生成列表中的元素。

【例 7.9】生成一个全是偶数的列表。

```
ls = [ x*2 for x in range(10) ]
print(ls)
```

运行结果为：

```
[ 0, 2, 4, 6, 8, 10, 12, 14, 16, 18,]
```

此时通过 for 循环对 0 ～ 9 依次取值，然后对每一个数执行 *2，得到的结果作为列表中的元素，如果我们要生成一个全是偶数并且元素小于 10 的列表，可以在列表生成表达式中使用 if 语句进行判断。

【例 7.10】在列表生成表达式中使用 if 语句。

```
ls 1= [ x*2 for x in range(10) if x*2<10 ]
print(ls1)
```

运行结果为：

```
[0, 2, 4, 6, 8 ]
```

7.5.3 生成器与迭代器

1. 生成器

将列表生成表达式中的一对中括号改为一对小括号即可得到生成器，对于生成器对象，也可以像其他可迭代对象一样使用 for 循环遍历对象中的每一个元素。例如：

【例 7.11】使用生成器。

```
ls = (x*2 for x in range(10))
print(ls,type(ls))
```

运行结果为：

```
<generator object <genexpr> at 0x000002DAAC4C1B88> <class 'generator'>
```

可以看出生成器对象类型是 'generator'，而且直接输出生成器得不到值，这里应该使用 for 循环遍历对象输出每一个元素。例如：

```
for i in ls:
    print(i,end=' ')
```

运行结果为：

```
0  2  4  6  8  10  12  14  16  18
```

普通函数用 return 返回一个值，还有一种函数用 yield 返回值，这种函数叫生成器函数。

【例 7.12】使用生成器函数完成元素遍历。

```
def generator(array):
    for i in array:
        yield (i)
gen = generator([1, 2, 3, 4, 5])
print(type(gen))
for i in gen:
    print(i,end=' ')
```

运行结果为：<class 'generator'>

```
1  2  3  4  5
```

2. 迭代器

通过前面的学习，我们可以知道 for 循环可以用于遍历序列、集合、字典等可迭代类型的数据，也可以用于遍历生成器。这些可直接使用 for 循环遍历的对象统称为可迭代对象，第 8 章中的字符串对象，也是一个可迭代对象。迭代器（iterator）是指可以通过 next() 函数不断获取下一个值的对象。

【例 7.13】迭代器使用示例。

```
x = ['a','b','c','d','e']
print(type(x))
y = iter(x)
```

```
print(type(y))
for i in range(5):
print(' 迷代器的第 %d 个元素: '% i ,next(y))
```

运行结果为:

```
<class 'list'>
<class 'list_iterator'>
迷代器的第 0 个元素:  a
迷代器的第 1 个元素:  b
迷代器的第 2 个元素:  c
迷代器的第 3 个元素:  d
迷代器的第 4 个元素:  e
```

7.5.4　浅拷贝与深拷贝

浅拷贝和深拷贝可用于所有可变元素包括列表、字典等。

1. 浅拷贝

在 Python 中 copy() 方法可以实现可变元素对象的浅拷贝,返回一个对可变元素对象进行浅拷贝而得到的新可变元素对象,但两个可变元素对象并不完全独立。

2. 深拷贝

使用 copy 模块的 deepcopy() 方法可以实现深拷贝,deepcopy() 方法的语法格式: copy.deepcopy(d)#d 表示可变元素对象。

它的作用是根据调用的可变元素对象进行深拷贝创建一个新的可变元素对象并返回。使用深拷贝时原有可变元素对象和新生成的可变元素对象对应不同的内存空间,而且两个可变元素对象中的元素也对应不同的内存空间,两个可变元素对象是完全独立的。

下面通过示例理解浅拷贝和深拷贝的概念及用法。

【例 7.14】浅拷贝和深拷贝示例。

```
import copy
a = [[" 张三 "], " 李四 "]
print(" 改变前, a 的值 ", a)
print(" 改变前, a 内部的元素地址: ", [id(i) for i in a])

c = copy.copy(a)         # 对 a 执行浅拷贝, 将新元素赋给 c
d = copy.deepcopy(a)     # 对 a 执行深拷贝, 将新元素赋给 d
print(" 改变前, c 的值 ", c)
print(" 改变前, 浅拷贝 c 内部的元素地址: ", [id(i) for i in c])
print(" 改变前, d 的值 ", d)
print(" 改变前, 深拷贝 c 内部的元素地址: ", [id(i) for i in d])

# 分别改变 a 中元素, 请读者观察浅拷贝 c 与深拷贝 d 的值和元素地址
a[0][0] = "Tom"
a[1] = "Jack"
```

```
print("改变后，a的值", a)
print( "改变后，c的值", c)
print( "改变后，d的值", d)
print("改变后，a内部的元素地址：", [id(i) for i in a])
print("改变后，浅拷贝c内部的元素地址：", [id(i) for i in c])
print("改变后，深拷贝d内部的元素地址：", [id(i) for i in d])
```

输出结果为：
改变前，a的值 [[' 张三 '], ' 李四 ']
改变前，a内部的元素地址： [2822210005448, 2822209953704]
改变前，c的值 [[' 张三 '], ' 李四 ']
改变前，浅拷贝c内部的元素地址： [2822210005448, 2822209953704]
改变前，d的值 [[' 张三 '], ' 李四 ']
改变前，深拷贝d内部的元素地址： [2822210005128, 2822209953704]
改变后，a的值 [['Tom'], 'Jack']
改变后，c的值 [['Tom'], ' 李四 ']
改变后，d的值 [[' 张三 '], ' 李四 ']
改变后，a内部的元素地址： [2822210005448, 2822210528456]
改变后，浅拷贝c内部的元素地址： [2822210005448, 2822209953704]
改变后，深拷贝d内部的元素地址： [2822210005128, 2822209953704]
```

# 小　结

　　本章首先介绍了组合数据类型：序列、元组、集合、字典的创建与使用，并列出这些数据类型的常用方法和函数。然后介绍了组合数据类型的高级应用：切片、列表生成表达式、生成器与迭代器、浅拷贝与深拷贝。

# 习　题

　　1. 已知一个列表 lst = [1,2,3,4,5]，回答下列问题：
　　①求列表的长度。
　　②判断 6 是否在列表中。
　　③ lst + [6, 7, 8] 的结果是什么？
　　④ lst*2 的结果是什么？
　　⑤列表里元素的最大值是多少？
　　⑥列表里元素的最小值是多少？
　　⑦列表里所有元素的和是多少？
　　⑧如何在索引 1 的位置新增一个的元素 10 ？
　　⑨如何在列表的末尾新增一个元素 20 ？
　　⑩计算列表里元素的平均值。
```

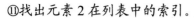

⑪找出元素 2 在列表中的索引。

2. 编程实现：输入若干位同学的成绩，输出比平均成绩更高的同学姓名和分数。输入 / 输出形式见以下示例：

输入：

张三	80
李四	89
王五	82

输出

李四	89

3. 编程实现：输入一个大于 2 的自然数，输出小于该数字的所有素数组成的集合。

第8章

字符串

字符串也是 Python 中的一种序列数据类型，用于保存文本信息。本章在 4.1.2 节的基础上对字符串用法进行深入讲述。

8.1 常用操作

关于字符串的基本使用方法在 4.1.2 节已做过介绍，这里对字符串的使用方法做进一步的介绍。

8.1.1 字符串创建

创建字符串时，使用一对单引号（'）、双引号（"）或三引号（"'）来构成。

单引号和双引号：都可以表示单行字符串，两者作用相同。使用单引号时，双引号可以作为字符串的一部分；而使用双引号时，单引号可以作为字符串的一部分。

三引号：表示单行或者多行字符串。可以使用单引号或双引号作为字符串的一部分。

【例 8.1】字符串创建示例。

```
print("abcdefg")
print('abcdefg')
print("单引号作为'字符串'的一部分")
print('双引号作为"字符串"的一部分')
print('''三引号可以
        表示
        多行,
还可以包含'单引号'或"双引号"作为字符串的一部分''')
```

运行结果为：

```
单引号作为'字符串'的一部分
双引号作为"字符串"的一部分
三引号可以
        表示
        多行,
还可以包含'单引号'或"双引号"作为字符串的一部分
```

8.1.2　字符串基本操作

字符串类型也是一种序列类型数据，其操作方法部分类似其他序列数据（见第 7 章），字符串类型基本操作符，见表 8.1。

表 8.1　字符串基本操作符

操作符	描　　述
x+y	连接两个字符串 x 与 y
x*n 或 x*X	复制 n 次字符串 x
x in s	如果 x 是 s 的子串，返回 True，否则返回 False
str[i]	索引，返回第 i 个字符
str[b:e:s]	切片，返回第 b 到第 e 且步长为 s 的子串，其中不包含 e

8.1.3　内置字符串操作函数

除上述字符串基本操作符外，字符串类型还有常用的函数，见表 8.2。

表 8.2　字符串常用函数

函　　数	描　　述
len(x)	返回字符串 x 的长度，也可返回其他组合数据类型元素个数
str(x)	返回任意类型 x 所对应的字符串形式
chr(x)	返回 Unicode 编码 x 对应的单字符
ord(x)	返回单字符表示的 Unicode 编码
hex(x)	返回整数 x 对应十六进制数的小写形式字符串
oct(x)	返回整数 x 对应八进制数的小写形式字符串

8.1.4　内置字符串操作方法

在 Python 内部，所有数据类型都采用面向对象方式实现，封装为一个类。在面向对象中，这类函数被称为"方法"。任意字符串在 Python 中也是一个类，通过字符串类调用实例方法，形式如下：

```
s = 'Abc'           #定义一个字符串
print(s.lower())    #输出字符串调用方法后结果
```

运行结果为：

```
abc
```

这里仅介绍字符串类中 14 个常用实例方法，见表 8.3。

表 8.3　字符串常用方法

方　　法	描　　述
str.lower()	返回字符串 str 的副本，全部字符小写
str.upper()	返回字符串 str 的副本，全部字符大写
str.islower()	当 str 所有字符都是小写时，返回 True，否则返回 False

方　　法	描　　述
str.isprintable()	当 str 所有字符都是可打印的，返回 True, 否则返回 False
str. isnumeric()	当 str 所有字符都是数字时，返回 True，否则返回 False
str.isspace()	当 str 所有字符都是空格，返回 True，否则返回 False
str.endswith(suffix[,start[,end]])	str[start: cnd] 以 sufix 结尾返回 Tue，否则返回 False
str.startswith(prefix[, start[, end]])	str[start: end] 以 prefix 开始返回 True，否则返回 False
str.split(sep-Nonc,maxsplit--l)	返回一个列表，由 str 根据 sep 被分隔的部分构成
str.count(sub[,start[,end]])	返回 str[start;end] 中 sub 子串出现的次数
str.replace(old,new[, count])	返回字符串 str 的副本，所有 old 子串被替换为 new，如果 count 给出，则前 count 次 old 出现被替换
str.strip([chars])	返回字符串 str 的副本，在左侧和右侧去掉 chars 中列出的字符
str.zfill(width)	返回字符串 str 的副本，长度为 width，不足部分在左侧添 0
str,join(iterable)	返回一个新字符串，由 iterable 变量（见 7.5.4）的每个元素组成，元素间用 str 分隔

8.2　格式化方法

一个程序希望将某个社团的学生信息使用以下格式输出：

张三是 2021 级计算机专业的学生

此时下划线部分需要以某些特定内容输出，但整体格式不变。此时需要用到字符串的格式化来解决此问题。

8.2.1　使用占位符格式化

使用占位符（% 符号）进行字符串格式化时，格式运算符 % 之前的部分为格式字符串，之后的部分为需要进行格式化的内容。

例如：

```
s = '%s是%d级%s专业的学生' % ('张三', 2021 ,'计算机')
print(s)
```

运行结果为：

```
张三是 2021 级计算机专业的学生
```

例中'张三','计算机'都是字符串对象，因此占位符使用 %s，2021 是整型，因此占位符使用 %d。表 8.4 列出常用占位符及其解释。

表 8.4　常用占位符

占位符	描　　述	占位符	描　　述
%d 或 %i	有符号整型十进制数	%g	浮点数（根据数值大小采用 %e 或 %f）
%o	有符号八进制数	%G	浮点数（根据数值大小采用 f% 或 %E）
%x	有符号十六进制数（字母小写）	%c	单个字符（整型或单个字符的字符串）

续表

占位符	描　述	占位符	描　述
%X	有符号十六进制数（字母大写）	%r	字符串（使用 repr 函数进行对象转换）
%e	指数格式的浮点数（字母小写）	%s	字符串（使用 str 函数进行对象转换）
%E	指数格式的浮点数（字母大写）	%a	字符串（使用 ascii 函数进行对象转换）
%f 或 %F	有符号浮点型十进制数	%%	表示一个百分号

8.2.2　使用 format() 方法格式化

字符串中的 format() 方法也可以进行字符串的格式化操作，format() 方法返回格式化后的字符串内容，并不改变原始字符串。其语法格式如下：

```
str.format(*args,**kwargs)
```

其中，str 是用于格式化的字符串，可以包含由大括号括起来的替换字段。每个替换字段可以是位置参数的索引，也可以是关键字参数的名称。

【例 8.2】字符串 format() 方法格式化示例。

```
str1='同学 {0} 是 {1} 级的学生，学号是 {2}。'    #使用位置参数的索引
print(str1.foemat('张三', 2022, 2022005001))
```

输出结果为：

```
同学张三是 2022 级的学生，学号是 2022005001。
```

```
str2='同学 {name} 是 {grade} 级的学生，学号是 {Sid}。'    #使用关键字参数的名称
print(str2.foemat(name='张三', grade=2022, Sid=2022005001))
```

输出结果为：

```
同学张三是 2022 级的学生，学号是 2022005001。
```

两个输出结果相同，两种方法均实现相同的结果，由读者自由选择。

小　结

本章介绍了字符串的定义与使用。首先介绍了字符串创建、字符串比较等常用字符串操作方法，后续介绍了占位符和 format 方法的使用。

习　题

1. 根据本章所学的知识请回答下面问题。

① 将编写代码，字符串 "abcd" 转成大写。

② 计算字符串 "cd" 在字符串 "abcd" 中出现的位置。

③ 字符串 "a,b,c,d"，请用逗号分隔字符串，分割后的结果是什么类型的？

④ "{name} 喜欢 {fruit}".format(name=" 李雷 ") 执行会出错，请修改代码让其正确执行。

⑤ string = "Python is good"，请编写代码，将字符串里的 Python 替换成 python，并输出替换后的结果。

⑥有一个字符串 string = "python 修炼第一期 .html"，请编写代码，从这个字符串里获得 .html 前面的部分，用尽可能多的方式来实现。

⑦如何获取字符串的长度？

⑧ "this is a book"，请编写代码，将字符串里的 book 替换成 apple。

⑨ "this is a book"，请编写代码，判断该字符串是否以 this 开头。

⑩ "this is a book"，请编写代码，判断该字符串是否以 apple 结尾。

⑪ "This IS a book"，请编写代码，将字符串里的大写字符转成小写字符。

⑫ "This IS a book"，请编写代码，将字符串里的小写字符，转成大写字符。

⑬ "this is a book\n"，字符串的末尾有一个回车符，请编写代码将其删除。

2. 编程实现：用户输入一个字符串，以回车结束，利用字典统计其中字母和数字出现的次数（回车符代表结束）。输入格式是一个以回车结束的字符串，例如输入 abcdab，输出 {'a': 2, 'b': 2, 'c': 1, 'd': 1}。

3. 编程实现：用户输入身份证号，输出此用户的出生年月日，要求：输入必须是 18 位数字，输出 ×××× 年 ×× 月 ×× 日，若输出不为 18 位数字，输出"您输入的身份证有误请重新输入"。

第9章

面向对象

随着计算机技术的不断发展以及所需处理问题的复杂性不断提高，在 20 世纪 70 年代，出现了多种面向对象的程序设计语言，并逐步产生了面向对象的程序设计方法。面向对象是目前最为主流的一种编程理念，或者称之为编程范式，很多的编程语言都支持面向对象程序设计，python 语言就是其中之一。

本章首先介绍类和对象这两个面向对象最为重要的概念，接下来介绍定义类的方法，有了类之后，学习怎么去创建对象，以及创建对象的构造方法和销毁对象时所使用的析构方法，然后是类方法和静态方法，接着是学习运算符的重载，最后通过一些案例来掌握面向对象编程在实际开发中的应用。

9.1 类与对象

对象这个词，大家并不陌生，因为现实世界就是由对象构成的。观察一下你的周围，你会发现一切都是对象，比如说一张桌子、一台笔记本电脑，这些都是对象。在程序设计时，如果能够用面向对象这种方式去思考问题，去解决问题，那么程序设计就跟现实世界更加接近了，人类就不需要像计算机那样去思考问题和解决问题。关于对象，第一点，要明白一切皆为对象。第二点，每个对象都有自己的静态特征和动态特征，所谓的静态特征就是对象的属性，而动态特征也称为对象的方法。诸如足球运动员梅西，就是一个对象，他有姓名、性别、年龄、身高和体重，这些就是他的属性，即他的静态特征；而他可以奔跑、跳跃、转身和射门，这些是对象的动态特征。第三点，世界上没有两片相同的树叶，所以每个对象都是独一无二的。第四点，对象一定属于某个类，我们看到的具体的东西就是对象，将一大类对象的共同特征抽象出来之后，就可以形成一个类。

类是一种抽象数据类型，定义了对象特征以及对象外观和行为的模板，是同一组对象的集合与抽象。对象也称为类的一个实例，是现实中某个具体的物理实体在计算机逻辑中的映射和体现，具有所在类定义的全部属性和方法。例如，足球运动员是一个类，包含了很多踢足球的运动员，梅西就是一个实例，即一个对象。

9.1.1 类的定义和使用

在 Python 中，有很多内置的可以直接使用的类，如 int、float 等，也可以自定义新的数据类型，即自定义类，然后再通过类来创建对象，通过调用对象的方法（动态行为）来解决问题，这就是面向对象的编程方法。通过类创建的对象既有静态特征，又有动态特征，相当于把数据和操作数据的方法组织到了一起，形成了一个逻辑上的整体，从而使得程序结构更加的清晰，这也就是所谓的类的封装性。

一个类的定义包括如下两个方面：

①定义该类对象共有的属性（属性的类型和名称，即变量）；

②定义该类对象共有的行为（所能执行的操作，即方法）。

类的定义形式非常多样。既可以直接创建新的类，也可以基于一个或者多个已有的类创建新的类；还可以先创建一个空的类，然后动态添加属性和方法，也可以在创建类的方法时设置属性和方法。类的结构，包括类的声明和类体两部分，定义类的格式如下：

```
class 类名 [ 父类名 ]：
    变量
    方法
```

定义了一个类后，就可以创建该类的实例对象，其语法格式如下：

```
类名 ( 参数表 )
```

【例 9.1】以学生为例，演示学生类的定义和使用。在学生类中定义了 id，name 和 sex 三个属性，并定义了 study 和 play 两个方法，定义 Student 类后，使用 Student 类实例化对象 stu1，在程序功能实现部分，通过实例对象访问属性和调用方法。其实现的代码如下：

```
class Student:          # 定义一个名字为 student 的类
    # 数据抽象————> 静态特征————> 属性
    id=input(' 请输入学号：')
    name=input(' 请输入姓名：')
    sex=input(' 请输入性别：')
    # 行为抽象————> 动态特征————> 方法
    def study(self,book):
        self.book=book
        print(f' 学号为 {self.id} 的同学 {self.name} 在学习，正在看 {self.book}')
    def play(self):
        if self.sex==' 男 '：
            print(f'{self.name} 同学喜欢对抗类运动 ')
        else:
            print(f'{self.name} 同学喜欢休闲类运动 ')
if __name__=='__main__'：
    stu1=Student()         # 通过类实例对象，并将该对象赋值给变量 stu1
    print(stu1.id,stu1.name,stu1.sex)
stu1.study('Python 语言程序设计 ') # 对象 stu1 调用了 study 方法，"Python 语言程序设计 "
作为实参传递给形参 "book"
stu1.play()
```

程序执行过程及结果如下：

```
请输入学号：1001
请输入姓名：李元
请输入性别：男
```

```
1001 李元 男
学号为 1001 的同学李元在学习，正在看 Python 语言程序设计
李元同学喜欢对抗类运动
```

Python 使用 class 关键字来定义类，类体中的语句要采用缩进方式表示。类名首字母一般要用大写，建议采用驼峰命名法，也可以按照自己的习惯定义类名，但一般推荐参考惯例来命名，并在整个系统的设计和实现当中保持风格一致，这样对团队合作非常重要。类名、变量名和方法名要满足标识符命名规则，实例方法和前面学习的函数的格式类似，区别在于类的所有实例方法都必须至少有一个名为 self 的参数，并且必须是方法的第一个形参（如果有多个形参），self 参数代表将要创建的对象本身。

9.1.2　类的属性定义及其访问

一个类中可以包含属性和方法，属性是一个类对象可以保存的数据，在定义类时可以直接定义该类的属性。当创建该类对象时，每一个新建的对象都会包含类的所有属性。如例 9.1 中所示，对象 stu1 包含 id、name 和 sex 属性。

对类属性的访问，既可以通过类名访问，也可以通过该类的对象访问，当通过对象来访问时，可以称之为对象属性。访问的方式如下：

```
类名或对象名 . 属性名
```

圆点 "." 是成员访问运算符，可以用来访问命名空间、模块或者对象中的成员，在 Python 开发环境中，在类或者对象名后加上圆点，会自动显示出所有公有属性，如果在圆点后再加上一个下划线，则会列出所有属性，包括私有属性。

在例 9.1 中，stu1.id，stu1.name 和 stu1.sex 就是通过对象名来访问类的属性。Python 是一种动态语言，可以动态地为实例对象设置新的属性。如在例 9.1 的实现代码后面添加代码如下：

```
……
stu1.age=input('请输入年龄')    # 为对象 stu1 动态设置属性 age
print(stu1.id, stu1.name, stu1.sex,stu1.age)
```

程序执行后，对象 stu1 不仅包含了类属性，还获得了 age 属性。

在 Python 中，除了公有属性外，还有一类通过下划线作为属性名前缀和后缀的特殊属性，其有特殊的含义。

① _属性名：一个下划线开头的属性是保护属性，只能由类对象或者子类对象进行访问，一般不建议在类外直接访问，需通过类提供的接口进行访问，不能用 "from xxx import *" 而导入；

② __属性名__：在属性名前后各有两个下划线，是系统定义的特殊成员，如 __init__（）代表类的构造函数。

③ __属性名：在属性名前有两个下划线，是私有属性，在类内可以直接访问，而在类外无法直接访问，但在类外可以通过 "对象名._类名__属性名" 这样的特殊方式访问。

9.1.3　类中普通方法定义及调用

方法是用来描述对象的行为，类中的方法实际上是执行某种数据处理功能的函数。但要

明确的是，在面向对象的程序设计中，函数和方法这两个概念是有本质区别的，方法一般指与特定实例对象绑定的函数，通过对象调用方法时，对象本身将作为第一个参数自动传递过去，普通函数并不具备这个特点。本小节讨论的类中的方法为普通方法（也可以称之为公有方法），普通方法必须通过类的实例对象根据方法名调用。

在类中定义普通方法时，第一个参数对应调用方法时所使用的实例对象（一般命名为self，但也可以使用其他的名字），定义方法的语法格式如下：

```
def 方法名(self,[其他形式参数]):
    函数体
```

当一个实例对象调用类的普通方法时，其语法格式如下：

```
实例对象名.方法名(实参列表)
```

在例 9.1 中，Student 类中定义了 study 和 play 两个普通方法，也通过 stu1 这个实例对象调用了这两个方法，实例对象调用方法时，实参列表一一对应地传递给 self 参数后面的形参。

9.2 成员方法

Python 类的成员方法多种多样，大致可以分为普通方法、静态方法、类方法和特殊方法这几种类型，如图 9.1 所示。

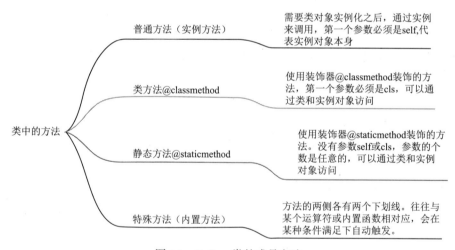

图 9.1 Python 类的成员方法

1. 普通方法

普通方法也称为实例方法，是我们最常用的方法，它定义时最少要包含一个 self 参数，用于绑定调用此方法的实例对象（所谓绑定，即用实例调用的时候，不需要显式地传入）。换句话说，当实例调用方法的时候，会默认将实例本身传入到这个参数 self，而当类直接调用时，因为本身类型是一个 class，不是实例对象，所以报错。如果非要用类直接调用，需要手动传入一个实例作为第一个参数。注意：若随便传入一个字符串的话，也不会报错，但是会造成程序紊乱，因此不推荐这种调用方式。

2. 类方法

类方法是指使用装饰器 @classmethod 装饰的方法，第一个参数是类本身，用 cls 表示。可以通过类名直接调用，也可以通过类的实例对象调用，在调用类方法时不需要为该参数传递值。

3. 静态方法

静态方法是指使用装饰器 @staticmethod 装饰的方法，没有参数 self 或 cls，参数的个数是任意的，可以通过类和实例对象访问。

类方法与静态方法都可以通过类名和对象名调用，但不能直接访问属于对象的成员，只能访问属于类的成员。静态方法和类方法不属于任何实例，不会绑定到任何实例，当然也不依赖于任何实例，与实例方法相比能够减少很多开销。

4. 内置方法

内置方法是指以双下划线（＿＿）开头和结尾的方法，也称为魔法方法。Python 类中有大量的特殊方法，往往与某个运算符或内置函数相对应，会在某种条件满足下自动触发。在自定义类时如果重写了某个特殊方法，具体实现什么工作则可以由程序员根据实际需要来定义。例如，运算符重载就是通过在类中重写特殊方法来实现的。

常用内置方法如下：

- ＿＿init＿＿：在调用类时自动触发，通过 object 产生的空对象自动调用 ＿＿init＿＿()。
- ＿＿new＿＿：在 ＿＿init＿＿ 触发前自动触发，调用该类时，内部会通过 ＿＿new＿＿ 产生一个新的对象。
- ＿＿getattr＿＿：在"对象.属性"获取属性时，若"没有该属性"时触发。
- ＿＿getattribute＿＿：在"对象.属性"获取属性时，"无论有没有该属性"都会触发，默认 return 一个 None。
- ＿＿setattr＿＿：当"对象.属性＝属性值"，"添加或修改属性"时触发。
- ＿＿call＿＿：在调用对象"对象＋()"时触发。
- ＿＿str＿＿：在"打印对象"时触发。
- ＿＿getitem＿＿：在对象通过"对象[key]"获取属性时触发。
- ＿＿setitem＿＿：在对象通过"对象[key]=value 值"获取属性时触发。

【例 9.2】类中各类方法的定义和访问示例。

```
class Student:        #定义一个名字为 student 的类
    def __init__(self,id,name,sex):        #构造方法，内置方法之一
        self.id=id
        self.name=name
        self.sex=sex
    def __str__(self):        #与内置函数 str() 对应，内置方法之一
        return (' 学号：%s | 姓名：%s | 性别：%s'%(self.id,self.name,self.sex))
    def study(self,book):    #普通方法
        self.book=book
        print(f' 学号为 {self.id} 的同学 {self.name} 在学习，正在看 {self.book}')
    @classmethod
```

```
        def play(cls,name,sex):  #定义类方法
            if sex=='男':
                print(f'{name}同学喜欢对抗类运动')
            else:
                print(f'{name}同学喜欢休闲类运动')
        @staticmethod
        def play(name, sex):       #定义静态方法
            if sex == '男':
                print(f'{name}同学喜欢对抗类运动')
            else:
                print(f'{name}同学喜欢休闲类运动')
if __name__=='__main__':
    print('请输入学生的学号、姓名和性别：')
    id, name, sex = map(str,input().split(' '))#输入三个以空格为间隔的字符串，分
别赋值给id,name,sex
    stu1=Student(id,name,sex)       #实例化对象，并将对象赋值给变量stu1
    print(stu1)              #输出时自动调用__str__方法
    Student.study(stu1,'Python语言程序设计')    #使用类名调用普通方法study时，需
要将对象传递给self参数
    stu1.study('Python语言程序设计')                #使用实例对象名调用普通方法study
    Student.play(stu1.id, stu1.name)               #使用类名调用类方法play
    stu1.play(stu1.id,stu1.name)                   #使用实例对象名调用类方法play
    Student.play(stu1.id, stu1.name)               #使用类名调用静态方法play
    stu1.play(stu1.id, stu1.name)                  #使用实例对象名调用静态方法play
```

程序执行过程及结果如下：

```
请输入学生的学号、姓名和性别：
1001 李元霸 男
学号：1001 | 姓名：李元霸 | 性别：男
学号为1001的同学李元霸在学习，正在看Python语言程序设计
学号为1001的同学李元霸在学习，正在看Python语言程序设计
1001同学喜欢休闲类运动
1001同学喜欢休闲类运动
1001同学喜欢休闲类运动
1001同学喜欢休闲类运动
```

在实际编程中，很少用到类方法和静态方法，因为我们完全可以使用函数代替它们实现想要的功能，但在一些特殊的场景中（如工厂模式中），使用类方法和静态方法也是很不错的选择。

9.3 面向对象的三大特征

9.3.1 封装

封装性是面向对象重要的基本特性之一。封装隐藏了对象的内部细节，只保留有限的对

外接口，外部调用者不用关心对象的内部细节，使得操作对象变得简单。

例如：一台计算机内部极其复杂，有主板、CPU、硬盘、内存等，而一般人不需要了解它的内部细节。计算机制造商用机箱把计算机封装起来，对外提供了一些接口，如鼠标，键盘，和显示器等，使用计算机就变得非常简单了。

1. 私有变量

为了防止外部调用者随意存取类的内部数据（成员变量），内部数据（成员变量）会被封装成为"私有变量"，外部调用者只能通过方法调用私有变量。

某些情况下，Python 中的变量是公有的，可以在类的外部访问它们。如果想让它们成为私有变量，则在变量前加上双下划线（_ _）即可，在例 9.2 的实现代码中，在 age 属性前加上双下划线，其就是私有变量，私有变量可以在类的内部进行访问，不能在类的外部进行直接访问，要通过"对象名 ._ 类名 _ _ 属性名"这样的特殊方式访问。

【例 9.3】私有变量的使用方法示例。

```
class Student(object):
    def __init__(self, name, age):
        self.name = name    # 创建并初始化公有实例变量
        self.__age = age    # 创建并初始化私有实例变量
    def print_info(self):
        print(f' 姓名：{self.name}，年龄：{self.__age}')
student1 = Student("samual", 21)
student1.print_info() # 打印名字和年龄出来
print(student1.name) # 打印名字出来
print(student1._Student__age)# 打印年龄出来
#print(student1.__age)  # 报错
```

2. 私有方法

私有方法与私有变量的封装是类似的，在方法前面加上双下划线（_ _）就是私有方法了，如在例 9.3 的实现代码中 print_info_inner(self) 方法前加入双下划线则成为了私有方法。

【例 9.4】私有方法的使用方法示例。

```
class Student(object):
    def __init__(self, name, age):
        self.name = name    # 创建并初始化公有实例变量
        self.__age = age    # 创建并初始化私有实例变量
    def __print_info_inner(self): # 定义为私有方法
        print(f' 姓名：{self.name}，年龄：{self.__age}')
    def print_info_out(self):
        self.__print_info_inner() # 在类的内部调用私有方法
student1 = Student("samual", 21)
student1.print_info_out()
#student1.__print_info_inner() # 在外部调用私有方法会报错
```

3. 使用属性

为了实现对象的封装，在一个类中不应该有公有的成员变量，这些成员变量应该都被设计成为私有的，然后通过公有的 set(赋值) 和 get(取值) 方法来访问。

【例 9.5】使用属性的方法示例。

```python
class Student(object):
    def __init__(self, name, age):
        self.name = name    # 创建并初始化公有实例变量
        self.__age = age    # 创建并初始化私有实例变量    # 实例方法
    def print_info(self):
        print(f' 姓名：{self.name}, 年龄：{self.__age}')
    # set 方法
    def set_age(self,age):
        self.__age = age
    # get 方法
    def get_age(self):
        return self.__age
student1 = Student("samual", 21)
student1.print_info()
# 输出：姓名：samual, 年龄：21
student1.set_age(18)
student1.print_info()
# 输出：姓名：samual, 年龄：18
```

在上面的示例中，当外部调用通过两个公有方法访问被封装的私有成员变量，会比较麻烦，所以我们还有一种简单的方法来访问私有变量，那就是通过 @property 和 @ 属性名 .setter 装饰器来完成。

【例 9.6】装饰器的使用方法示例。

```python
class Student(object):
    def __init__(self, name, age):
        self.name = name    # 创建并初始化公有实例变量
        self.__age = age    # 创建并初始化私有实例变量
    # 实例方法
    def print_info(self):
        print(f' 姓名：{self.name}, 年龄：{self.__age}')
    @property
    def age(self):    # 替代 get_age(self) 方法
        return self.__age
    @age.setter
    def age(self,age):    # 替代 set_age(self,age) 方法
        self.__age = age
student1 = Student("samual", 21)
student1.print_info()
student1.age = 18    # 通过属性赋值来修改
student1.print_info()
```

9.3.2　继承

继承性也是面向对象重要的基本特性之一。在现实世界中的继承关系无处不在，例如：猫与动物之间的关系：猫是一种特殊动物，具有动物的全部特征和行为，即数据和操作。在面向对象中动物是一般类，被称为"父类"，猫是特殊类，被称为"子类"。特殊类拥有一般类的全部数据和操作，可称子类继承父类。

在 Python 中声明子类继承父类的语法很简单，定义类时在类的后面使用一对小括号指定它的父类就可以了，在 Python 中一般类都继承 object。

1. 单继承

语法格式为：

```
class 父类 (object):
    pass
class 子类 (Master):
    Pass
```

【例 9.7】下面通过定义动物类作为父类，然后定义猫类作为动物类的子类，实现代码如下所示。

```
# 定义动物类
class Animal(object):
    def __init__(self,name):
        self.name = name
    def print_info(self):
        print(f' 动物的名字叫: {self.name}')
# 定义猫类使其继承动物类
class Cat(Animal):
    def __init__(self,name,age):
        Animal.__init__(self,name)    # 调用父类的构造方法
        self.age = age
cat = Cat('Tom',3)
cat.print_info()    # 父类的方法被子类继承，子类对象可调用
```

在调用父类的构造方法时，我们还有一种写法，那就是使用 super() 函数。super() 函数会使子类从其父类中继承所有方法和属性。

【例 9.8】super() 函数的使用方法。

```
class Cat(Animal):
    def __init__(self,name,age):
        super.__init__(name)    # 调用父类的构造方法
        self.age = age
```

这种方法与用父类名调用的方法效果是一样的。

2. 多继承

一个类继承多个父类，在多继承中，如果多个父类中属性名或者是方法名相同，那么将按照 MRO 算法查找。MRO 算法的伪代码如下：

```
mro:
    1.在自己的类中查找 如果找到就结束
    2.在父类元组中按照顺序查找 从左到右

类名.__mro__
```

所以在 Python 中，当子类继承多个父类时，如果在多个父类有相同的成员方法和成员变量，则子类优先继续左边父类中的成员方法或成员变量，从左到右继承级别从高到低。

语法格式为：

```
class A(Object):
    pass
class B(object):
    pass
class C(A,B):
    pass
```

Python 虽然支持多重继承,一个子类可以有多个直接父类,这样就具备了多个父类的特点,但是由于这样会把类的整体层次变得很复杂,应尽量避免使用。

3. 方法的重写

如果子类的方法名与父类的方法名相同，则在这种情况下，子类的方法会重写父类的同名方法。

【例 9.9】方法重写的实现方法。

```python
class Horse(object):
    def __init__(self,name):
        self.name = name
    def show_info(self):
        print(f'马的名字叫{self.name}')
    def run(self):
        print('马跑得很快')
class Donkey(object):
    def __init__(self,name):
        self.name = name
    def show_info(self):
        print(f'驴的名字叫{self.name}')
    def run(self):
        print('驴跑得很慢')
    def roll(self):
        print('驴打滚')
class Mule(Horse,Donkey):
    def __init__(self,name,age):
        super().__init__(name)
        self.age = age
    def show_info(self):
```

```
                print(f' 骡的名字叫 {self.name}, 今年 {self.age} 岁 ')
m = Mule(' 小骡 ',2)
m.run()             # 继承父类马方法
m.roll()            # 继承父类驴方法
m.show_info()       # 重写了父类马的方法
```

9.3.3　多态

多态也是面向对象重要的基本特征之一，"多态"指对象可以表现出多种形态。例如：猫，狗，鸭子都属于动物，它们有"叫"和"动"等行为，但是它们叫的方式不同，动的方式也不同。

1. 继承与多态

在多个子类继承父类，并重写父类方法后，这些子类继承所创建的对象之间就是多态的，这些对象采用不同的方式实现父类方法。

【例 9.10】多态的实现方法示例。

```
class Animal(object):
    def speak(self):
        print(' 动物在叫，但不知道是哪种动物在叫 ')


class Dog(Animal):
    def speak(self):
        print(' 狗：汪汪汪 ')
class Cat(Animal):
    def speak(self):
        print(' 猫：喵喵喵 ')
an1 = Dog()
an2 = Cat()
an1.speak()
an2.speak()
```

2. 鸭子类型测试与多态

Python 的多态性更加灵活，支持鸭子类型测试。鸭子类型测试：指的是若看到一只鸟走起来像鸭子，游起来像鸭子，叫起来也像鸭子，那么这只鸟就可以被叫作鸭子。

由于支持鸭子类型测试，所有 Python 解释器不检测发生多态的对象是否继承同一个父类，只要它们有相同的行为（方法），它们之间就是多态的。

【例 9.11】设计一个函数 start()，它接收具有"叫"speak() 方法的对象，实现的代码如下所示。

```
class Animal(object):
    def speak(self):
        print(' 动物在叫，但不知道是哪种动物在叫 ')
class Dog(Animal):
    def speak(self):
        print(' 狗：汪汪汪 ')
```

```
class Cat(Animal):
    def speak(self):
        print(' 猫：喵喵喵 ')
class Car(object):
    def speak(self):
        print(' 汽车：嘀嘀嘀 ')
def start(obj):
    obj.speak()
start(Dog())
start(Cat())
start(Car())
```

小　结

　　本章首先介绍了类与对象的概念，接着重点介绍了类的属性与方法的定义和使用，然后介绍了成员方法，并对常用内置方法进行了重点介绍，最后介绍了封装、继承和多态这三大面向对象的特征。

习　题

编程题

　　1. 编写一个学生类，包含姓名、年龄、性别、英语成绩、数学成绩、语文成绩等属性，方法：求总分，平均分，以及打印学生的信息。

　　　　类：学生 (student)

　　　　属性：姓名（name) 年龄（age)

　　　　性别（gender)

　　　　英语成绩（English_score）

　　　　数学成绩（math_score)

　　　　语文成绩（chinese_score)

　　　　总成绩（total_score)

　　　　平均成绩（avg_score)

　　2. 定义一个 "圆" cirlcle 类，圆心为 "点" Point 类，构造一个圆，求圆的周长和面积，并判断某点与圆的关系。

　　3. 假如有一辆汽车，速度是 60 km/h，从 A 行驶到 B 地 (距离 100 km)，计算耗费的时间。

　　4. 再假设换一辆汽车，速度是 100 km/h，从 A 行驶到 C 地(距离 350 km)，计算耗费的时间，考虑在原有的代码基础上应该如何调整。

　　5. 编程实现：

　　①定义 Animal 类，至少包含一个属性和一个方法。

　　②定义 Cat 类和 Dog 类，使这两个类继承自 Animal 类。

　　③定义 Person 类，使人可以通过 Animal 喂食 Cat 类和 Dog 类的实例。

第 10 章

文件和文件夹

计算机运行程序时，将处理结果保存在内存中，程序执行完后存放其中的数据无法再次访问。如果希望程序结束后数据仍然能够保存，需要使用其他的保存方式，文件就是一个很好的选择。我们还可以通过 os 模块使用和操作系统相关的功能，如生成文件路径，创建新的目录等，为文件的读写等操作提供辅助支持。

本章首先介绍文件的基本概念，区分文本文件和二进制文件，接下来介绍文件的基本操作，学习怎么去打开、读写和关闭刷新文件，以及复制、移动和重命名等其他操作，然后是数据的维度以及不同维度数据的处理方法，接着是学习文件夹操作，介绍了 os 模块及其常用函数，最后通过一些案例来掌握目录的使用。

10.1 文件概述

文件指的是存储在计算机存储器上的数据集合，文件中的数据可以是各种格式的，例如文本、音频、图像等。按数据的组织形式，文件大致可以分为文本文件和二进制文件，具体内容如下：

1. 文本文件

文本文件是一种由若干单一特定编码的字符构成的文件，如 UTF-8 编码，大部分文本文件可以用文本编辑器进行阅读或编辑。由于文本文件存在编码，因此，它也可以被看作是存储在存储器上的长字符串。以 txt、py、html 等为扩展名的文件都是文本文件。

2. 二进制文件

二进制文件一般是指不能用文本编辑器阅读或编辑的文件，直接由比特 1 和比特 0 组成，没有统一字符编码。例如，以 mp3、mp4、avi、png 等为扩展名的文件都是二进制文件，如果想要打开或修改这些文件，必须通过特定软件进行，比如用 Photoshop 软件可以编辑图像文件。

从本质上讲，文本文件也是二进制文件，因为计算机处理的全是二进制数据。无论二进制文件还是文本文件，均可用文本文件方式和二进制文件方式打开，但打开后的操作不同。

【例 10.1】通过一个实例来理解文本文件和二进制文件的区别。首先在存有程序 10-1.py 的文件夹下新建内容为"逐梦未来，不负韶华！"的文本文档 10-1.txt 文件，然后分别用文本文件方式和二进制文件方式读入，并打印输出，对比输出结果。

```
textfile=open('10-1.txt','rt',encoding='utf-8')   #用文本方式打开
```

```
print(textfile.readline())
textfile.close()
binfile=open('10-1.txt','rb')        # 用二进制方式打开
print(binfile.readline())
binfile.close()
```

运行结果如下：

```
逐梦未来，不负韶华！
b'\xe9\x80\x90\xe6\xa2\xa6\xe6\x9c\xaa\xe6\x9d\xa5\xef\xbc\x8c\xe4\xb8\
x8d\xe8\xb4\x9f\xe9\x9f\xb6\xe5\x8d\x8e\xef\xbc\x81'
```

运行结果反映出，如果采用文本方式读入文件，文件经过编码形成字符串，打印出有含义的字符，而采用二进制方式打开文件，文件被解析为字节流。由于存在编码，字符串中的一个字符由两个字节表示。

10.2 文件的使用

10.2.1 打开文件

对文件全部的操作均在打开文件之后进行，Python 下打开文件非常简单，不需要运用任何包，打开文件时通过 open() 函数来实现，其语法格式如下：

```
open(file [, mode = 'r' [, ...]])
```

该函数返回一个文件对象，通过它可以对文件进行各种操作，通过表 10.1 对参数列表中的参数进行说明。

表 10.1　参数列表说明

参　　数	说　　明
file	被打开的文件名
mode	文件打开模式，默认是只读模式

例如，打开文件名为 file1.txt 文件，具体示例如下：

```
f1 = open('file1.txt')                # 打开当前目录下的 file1.txt 文件
f2 = open('../file1.txt')             # 打开上级目录下的 file1.txt 文件
f3 = open('D:/study/file1.txt')       # 打开 D:/study 目录下的 file1.txt 文件
```

示例中使用 open() 函数打开文件时为只读模式打开，此时必须保证该文件存在，否则将会报文件不存在的错误。但是这种方式其实并不是最好的打开文件的方式，使用该方式可能会出现以下几个问题：

①未指定文件编码格式，如果文件编码格式与当前默认的编码格式不一致，那么文件内容的读写将出现错误；

②如果读写文件有错误，会导致文件无法正确关闭。尽管后面有 f.close() 关闭文件（后文会详细讲到）的操作语句,但是如果在打开时就出现错误,这种打开方式会出现问题。因此,

一般来说不推荐这种打开文件的方式。

Python 中有多种打开文件的模式，具体见表 10.2。

表 10.2　文件的打开模式

mode	权限			读/写格式	删除原内容	文件不存在	文件指针初始位置
	读	写	追加				
'r'	√			文本		发生异常	文件开头
'r+'	√	√		文本		发生异常	文件开头
'rb+'	√	√		二进制		发生异常	文件开头
'w'		√		文本	√	新建文件	文件开头
'w+'	√	√		文本	√	新建文件	文件开头
'wb+'	√	√		二进制	√	新建文件	文件开头
'a'			√	文本		新建文件	文件末尾
'a+'	√	√	√	文本		新建文件	文件末尾
'ab+'	√	√	√	二进制		新建文件	文件末尾

表 10.2 中，'r' 指从文件中读取数据；'w' 指向文件中写入数据，已存在的同名文件会被清空，不存在则会创建一个文件；'a' 指向文件中追加数据，不存在会创建文件，存在则直接在尾部进行添加；'+' 可与以上 3 种模式（'r'、'w'、'a'）搭配使用，指同时允许读和写的操作。另外，当需要处理的文件为二进制文件时，则需要将 'b' 提供给 mode 参数，如 'rb' 表示读取二进制文件。

因为默认的模式为读模式，所以读模式和忽略不写的效果是一样的。'+' 参数可以和其他模式配合使用，表示读与写的操作均被允许，例如 'r+' 表示打开一个文件用来读写使用。

10.2.2　读取文件

成功打开文件后将返回一个文本对象，可以通过该对象来实现对文件内容的读取，这个操作很简单。现在如果我们想打印文本文件的内容，有三种方法可以获取文件内容，具体如下所示。

1. read() 方法

read() 方法可以从文件中读取文件的内容，其语法格式如下：

```
文件对象.read([size])
```

此种方法表示从文件中读取 size 个字节或字符作为结果返回，如果省略 size，则表示读取全部文件内容。

2. readlines() 方法

readlines() 方法可以读取文件中的所有行，其语法格式如下：

```
文件对象.readlines()
```

此种方法将文件中的每行内容作为一个字符串存入列表并返回该列表。

此处需要注意的是，readlines() 方法为一次性读取文件中的所有行，如果需要读取的文件非常大时，使用 readlines() 方法就会占用大量内存空间，读取时消耗大量时间，因此读取大文件时不建议使用该方法。

3. readline() 方法

readline() 方法可以对文件中的内容进行逐行读取，其语法格式如下：

```
文件对象.readline()
```

该方法将从文件中读取到的一行内容作为结果返回。

4. in 关键字

除上述几种方法外，还可以通过 in 关键字读取文件，具体示例如下：

```
with open('file2.txt') as f:
    for line in f:
        print(line, end='')
```

10.2.3 写入文件

文件中写入内容也是通过文件对象来完成的，可以使用 write() 方法或 writelines() 方法来实现文件内容写入。

1. write() 方法

write() 方法可以实现向文件中写入指定字符串，在文件关闭前或缓冲区刷新前，字符串内容存储在缓冲区中，此时在文件中看不到写入的内容，其语法格式如下：

```
文本对象.write(t)
```

该方法表示将字符串 t 写入文件中。

2. writelines() 方法

writelines() 方法指向文件中写入一个序列字符串列表，若需要换行，则要加入每行的换行符。其语法格式如下：

```
文件对象.writelines(t)
```

该方法将列表 t 中的每个字符串元素写入文件中。

10.2.4 关闭和刷新文件

1. 关闭文件

当对文件内容操作完成后，一定要关闭文件，这样才能保证修改后的数据能够成功保存到文件中，同时也可以释放被占用的内存资源供其他程序使用。关闭文件的语法格式如下：

```
文件对象名.close()
```

接下来演示文件的打开与关闭操作，如下所示。

```
f = open('file3.txt', 'a+')                    # 以追加模式读写 file3.txt
f.close()                                       # 关闭文件
```

此处需要注意的是，即使使用了 close() 方法关闭文件，也无法保证文件一定能够关闭成功。例如，在打开文件后与关闭文件前发生错误导致程序崩溃，这时文件就无法正常关闭。因此，在管理文件对象时推荐使用 with 关键字，可以有效地避免这个问题，具体示例如下：

```
with open('file4.txt', 'r+') as f:      # 通过文件对象 f 进行读写操作
```

使用 with-as 语句后，就不需要再次使用 close() 方法。另外 with-as 语句还可以打开多个文件，具体示例如下：

```
# 通过文件对象 f1,f2 分别操作 file1.txt 与 file2.txt 文件
with open('file1.txt', 'r+') as f1, open('file2.txt', 'a+') as f2:
```

从上述示例可看出，with-as 语句极大地简化了文件打开与关闭操作，这对保持代码的优雅性有极大的帮助。

2. 刷新文件

flush() 方法一般被用来对缓冲区刷新，将缓冲区中的数据立即写入文件，同时清空缓冲区，不需要等待输出缓冲区写入。一般情况下，文件关闭后会自动刷新缓冲区，但有时需要在关闭前刷新它，这时就可以使用 flush() 方法。其语法格式如下：

```
文件对象 .flush()
```

10.2.5　其他操作

1. 读写二进制文件

文本文件使用字符序列来存储数据，而二进制文件使用字节序列存储数据，因此它只能被特定的读取器读取。Python 中 pickle 模块可以将数据序列化。

序列化是指将对象转化成一系列字节存储到文件中，而反序列化是指程序从文件中读取信息并用来重构上一次保存的对象。

pickle 模块中 dump() 函数可以实现序列化操作，其语法格式如下：

```
dump(obj, file5, [,protocol=0])
```

该函数表示将对象 obj 保存到文件 file5 中，参数 protocol 是序列化模式，其默认值为 0，表示以文本的形式序列化，protocol 的值还可以是 1 或 2，表示以二进制的形式序列化。

pickle 模块中 load () 函数可以实现反序列化操作，其语法格式如下：

```
load(file5)
```

该函数表示从文件 file5 中读取一个字符串，并将它重构为原来的 Python 对象。

【例 10.2】使用 pickle 模块实现序列化和反序列化操作，其实现代码如下所示。

```
import  pickle                          # 导入 pickle 模块
data1 = {'小小': [19, '女', 103],
            '小萌': [17, '女', 97.8],
            "小新": [20, '男', 120.1]}
data2 = ['努力学习', '快乐生活', '成为更好的自己']
with open('test.dat', 'wb') as f1:
```

```
    pickle.dump(datal, f1)              # 将字典序列化
    pickle.dump(data2, f1, 1)           # 将列表序列化
with open('test.dat', 'rb') as f2:
    data3 = pickle.load(f2)             # 重构词典
    data4 = pickle.load(f2)             # 重构列表
print(data3, data4)
```

2. 定位读写位置

文件指针为指向一个文件的指针变量，用于标识当前进行读写文件的位置，通过文件指针可对它所指的文件进行各种操作。

① tell() 方法可以获取文件指针的位置，其语法格式如下：

```
文件对象.tell()
```

该方法返回一个整数，表示文件指针的位置。

② seek() 方法可以移动文件指针位置，其语法格式如下：

```
文件对象.seek((offset[, where = 0]))
```

其中，参数 offset 表示指针移动的偏移量，以字节为单位，其值为正数时，文件指针向文件尾部方向移动；其值为负数时，文件指针向文件头部方向移动。参数 where 指定从何处开始移动，其值可以为 0、1、2，具体含义为：0 表示文件头部；1 表示当前位置，2 表示文件尾部。

3. 复制文件

在日常工作及学习中，经常需要将文件从一个路径下复制到另一个路径下。在 Python 中，shutil 模块下的 copy() 函数可以实现文件的复制，其语法格式如下：

```
shutil.copy(src, dst)
```

该函数表示将文件 src 复制为 dst，如下所示：

```
import shutil      # 导入 shutil 模块
shutil.copy('D:/study/file6.txt', 'copyfile6.txt')
```

程序运行结束后，在目录"D:/study/"会生成一个文件名为 copyfile6.txt 的文件。

4. 移动文件

在日常工作及学习中，经常需要将文件从一个路径下移动到另一个路径下。在 Python 中，shutil 模块的 move () 函数可以实现移动文件，其语法格式如下：

```
shutil.move(src, dst)
```

该函数表示将文件 src 移动到 dst，如下所示：

```
shutil.move('D:/study/copyfile6.txt', '../copyfile6.txt')
```

程序运行结束后，文件 copyfile6.txt 从目录"D:/study/"移动到目录"D:/"。

5. 重命名文件

在 Python 中，os 模块的 rename() 函数可以对文件进行重命名操作，其语法格式如下：

```
os.rename(src, dst)
```

该函数表示将 src 重名为 dst，如下所示：

```
import os          # 导入 os 模块
os.rename('D:/copytest.txt', 'D:/copytest1.txt')
```

程序运行结束后，文件 copytest.txt 被重命名为 "copytest1.txt"。

6. 删除文件

在 Python 中，os 模块的 remove () 函数可以对文件进行删除操作，其语法格式如下：

```
os.remove(src)
```

该函数表示将文件 src 删除，如下所示：

```
import os          # 导入 os 模块
os.remove('D:/copytest1.txt')
```

程序运行结束后，文件 copytest1.txt 被删除。

10.3　数据的格式化和处理

世界的构成是多维的，数据亦然，数据的维度无处不在。通常而言，数据的维度是数据的组织形式，可以划分为一维数据，二维数据，多维数据和高维数据。在电影《黑客帝国》中，构成世界的基本元素就是数据，人类生存在一个数据的世界中，所见识到的一切事物均由数据所构成，包括味觉嗅觉等等。

10.3.1　一维数据

一维数据由具有对等关系的有序或无序数据以线性方式构成，如列表和集合，对应数学中的数组，它是最简单的数据组织类型。有序的一维数据的表示形式可以使用列表类型来表示，如果数据无序，则使用集合类型来表示。

1. 一维数据的存储

一维数据的表示通常采用空格、逗号、换行符或者其他特殊符号作为数据元素的分隔符，分隔符号须均为英文标点符号，也即半角符号。一维数据的存储形式见表 10.3。

表 10.3　一维数据存储示例

分隔符	示　例	备　注
空格	苹果 香蕉 李子 芒果 榴莲	元素中不能有空格
逗号	苹果，香蕉，李子，芒果，榴莲	元素中不能有逗号
换行符	苹果 \n 香蕉 \n 李子 \n 芒果 \n 榴莲	—
特殊符号	苹果 @ 香蕉 @ 李子 @ 芒果 @ 榴莲	—

无论采用任何方式分割和表示，一维数据都具有线性的特点，for 循环可以遍历数据，进而对每个数据进行处理。

2. 一维数据的读取

一维数据读取的语法格式如下：

```
txt=open('file').read()        #file 为欲读取的文件路径及名称
ls=txt.split()                 # 根据相应分隔符进行分割
txt.close()
```

3. 一维数据的写入

一维数据写入的语法格式如下：

```
ls=[...]                       # 欲写入列表
f=open('file','w')             # 欲写入文件
f.write(' ',join(ls))          # 欲写入分隔符
f.close()
```

10.3.2　二维数据

二维数据可以理解为由多个一维数据构成，是一维数据的组合形式，也称表格数据，如列表，对应数学中的矩阵。二维数据常见的表示形式为二维列表，类似于平面直角坐标系，由行（row）和列（column）来确定某个元素。外层列表中每个元素可以对应一行，也可以对应一列，需要使用两层 for 循环遍历每个元素。

1. 二维数据的存储

二维数据常用 CSV（Comma-Separated Values）格式来存储。CSV 文件的每一行都是一维数据，整个 CSV 文件是一个二维数据。CSV 为国际通用的一、二维数据存储格式，是数据转换的标准格式，一般以 .csv 为扩展名，可为 Excel 等编辑软件读取、编辑及另存，其规范如下。

①开头不留空，以行为单位。

②可含或不含表头，表头居文件第一行，可另行存储。

③一行数据不跨行，无空行。

④以半角逗号（,）作分隔符，元素缺失也要保留。

⑤列内容如存在半角引号（"），替换成半角双引号（""）转义。

⑥文件读、写时引号，逗号操作规则互逆。

⑦内码格式不限，可为 ASCII、Unicode 或者其他。

⑧不支持特殊字符。

SV 数据按行或按列存储取决于程序，一般索引习惯 ls[row][column]，先行后列。下面以学生成绩表为例（见表 10.4）说明二维数据用 CSV 格式表示。

表 10.4　学生成绩表

序号	姓名	语文	数学	英语	综合得分
1	郑娟	85	76	77	238
2	张素宇	65	54	58	177
3	梁美欣	82	89	95	266

续表

序号	姓名	语文	数学	英语	综合得分
4	段欣燕	86	79	93	258
5	朱国强	74	76	68	218
6	于瑞东	69	86	90	245
7	韩津盛	92	95	89	276
8	吴俊	91	67	68	226
9	周国贤	86	85	87	258
10	雷千帆	73	76	72	221

文件存储为学生成绩 .csv，格式为：

```
序号,姓名,语文,数学,英语,总分
1,郑娟,85,76,77,238
2,张素宇,65,54,58,177
3,梁美欣,82,89,95,266
4,段欣燕,86,79,93,258
5,朱国强,74,76,68,218
6,于瑞东,69,86,90,245
7,韩津盛,92,95,89,276
8,吴俊,91,67,68,226
9,周国贤,86,85,87,258
10,雷千帆,73,76,72,221
```

2. 二维数据的读取

【例 10.3】二维数据读取的实现方法。

```
f=open('软科 2023 中国大学排行榜 .csv')
ls=[]
for line in f:
    line=line.replace('\n','')      # 或以 .strip('\n') 函数删除回车符
    ls.append(line.split(','))
for line in ls[:4]:      # 打印前三名
    print(line)
f.close()
```

运行结果如下：

```
['排名','学校名称','省市','类型','综合得分']
['1','清华大学','北京','综合','1004.1']
['2','北京大学','北京','综合','910.5']
['3','浙江大学','浙江','综合','822.9']
```

3. 二维数据的写入

二维数据覆盖写入和追加写入有所不同。

【例 10.4 】覆盖写入和追加写入的实现方法。

```
wls=[['排名','医院名称','专科声誉','科研学术','综合得分'],\
     ['1','中国医学科学院北京协和医院','80','15.396','95.396'],\
     ['2','四川大学华西医院','69.57','20','89.57'],\
     ['3','中国人民解放军总医院','58.658','12.734','71.392']]
file=open('new.csv','w')
for item in wls:
    file.write(','.join(item)+'\n')
file.close()
```

结果在当前目录下生成文件 new.csv，其存储格式为：

```
排名,学校名称,省市,类型,综合得分
1,清华大学,北京,综合,1004.1
2,北京大学,北京,综合,910.5
3,浙江大学,浙江,综合,822.9
```

追加写入，原文件被改写：

```
als=[['4','上海交通大学','上海','综合','778.6'],\
     ['5','复旦大学','上海','综合','712.4']]
f=open('new.csv','a')
f.seek(2)
for item in als:
    f.write('\n'+','.join(item))
f.close()
```

运行结果为：

排名	医院名称	专科声誉	科研学术	综合得分
1	中国医学科学院北京协和医院	80	15.396	95.396
2	四川大学华西医院	69.57	20	89.57
3	中国人民解放军总医院	58.658	12.734	71.392
4	上海交通大学	上海	综合	778.6
5	复旦大学	上海	综合	712.4

10.3.3 多维数据和高维数据

多维数据为一维或二维数据在新维度上的扩展，比如时间维度。

高维数据以简单的二元关系展示数据间的复杂结构，可以多层嵌套，如字典，JSON，XML 等。

高维数据由键值对类型的数据构成，采用对象方式组织，相比一维和二维数据能表达更加灵活和复杂的数据关系。由此衍生出 HTML，XML、JSON 等语法结构，是当今 Internet 组织内容的主要形式。

10.4　目录操作

10.4.1　Python os 模块

在 Python 中，文件操作是一项非常基础的编程任务。Python 中的 os 模块提供了访问操作系统功能的接口，包括访问文件系统、进程管理、环境变量等等。通过 os 模块，我们可以在 Python 中执行很多跟操作系统相关的任务，比如创建、删除、移动文件或目录、获取当前工作目录、运行命令行程序等等。os 模块是 Python 标准库中的一部分，在 Python 中使用它非常方便。

具体来说，os 模块提供了一系列函数，用于对文件和目录进行操作，如打开和关闭文件、读写文件、复制和移动文件、获取文件属性和目录内容等。这些函数提供了 Python 操作系统接口的基本功能，可以实现各种文件操作需求，同时也能够提高程序的效率和可移植性。

此外，学习 os 模块还可以让我们更好地理解和掌握计算机操作系统的基本概念和工作原理，例如文件系统、进程管理、权限控制等等。这些知识对于编写高质量的 Python 程序、调试和排查问题都是非常有帮助的。因此，学习文件操作需要学习 os 模块，这也是 Python 编程的一条基本路线。

os 模块是 Python 与操作系统交互的一个重要接口，通过它可以方便地访问操作系统服务，实现对系统资源的管理和控制，也可以编写与操作系统交互的 Python 程序，实现更加强大和灵活的功能。下面列举了部分 os 模块中常用的函数，见表 10.5。

表 10.5　os 模块常用函数

函　　数	功能说明
chdir(path)	把 path 设为当前工作目录
chmod(path, mode, *, dir_fd=None, follow_symlinks=True)	改变文件的访问权限
curdir	当前文件夹
extsep	当前操作系统所使用的文件扩展名分隔符
getcwd ()	返回当前工作目录
listdir(path)	返回 path 目录下的文件和目录列表
mkdir(path[, mode=511])	创建目录，要求上级目录必须存在
makedirs (path1/path2…, mode=511)	创建多级目录，会根据需要自动创建中间缺失的目录
rmdir(path)	删除目录，目录中不能有文件或子文件夹
remove (path)	删除指定的文件，要求用户拥有删除文件的权限，并且文件没有只读或其他特殊属性
removedirs(path1/path2…)	删除多级目录，目录中不能有文件

10.4.2　目录的使用

1. 创建目录

os 模块的 mkdir() 函数可以创建目录，其语法格式如下：

```
os.mkdir(path)
```

参数 path 指定要创建的目录。

此处需注意该函数只能创建一级目录，如果需要创建多级目录，则可以使用 makedirs() 函数，其语法格式如下：

```
os.makedirs(path1/path2…)
```

参数 path1 与 path2 形成多级目录，具体示例如下：

```
import os # 导入 os 模块
os.makedirs('D:/pytest1/goodprogrammer/test')
```

程序运行结束后，目录结构为 D:/pytest1/goodprogrammer/test。

2. 获取目录

os 模块的 getcwd() 函数可以获取当前目录，其语法格式如下：

```
os.getcwd()
```

该函数的使用比较简单。

另外，os 模块的 listdir() 函数可以获取指定目录中包含的文件名与目录名，其语法格式如下：

```
os.listdir(path)
```

其中，参数 path 指定要获取目录的路径。

3. 遍历目录

如果希望查看指定路径下全部子目录的所有目录和文件信息，就需要进行目录的遍历，os 模块的 walk() 函数可以遍历目录树，其语法格式如下：

```
os.walk(树状结构文件夹名称)
```

该函数返回一个由 3 个元组类型的元素组成的列表，具体如下所示：

```
[(当前目录列表)，(子目录列表)，(文件列表)]
```

4. 删除目录

删除目录可以通过以下两个函数，具体如下所示：

```
os.rmdir(path)               # 只能删除空目录
shutil.rmtree(path)          # 空目录、有内容的目录都可以删除
```

10.4.3　其他操作

在 Windows 操作系统中，查看某个文件目录信息可以通过鼠标右键菜单选择"属性"命令，如图 10.1 所示。

图 10.1　pytest1 属性

【**例 10.5**】在图 10.1 中，查看文件目录 pytest1 的属性，现要求编写程序，统计指定文件目录大小以及文件和文件夹数量，其实现方法示例如下所示。

```python
import os  # 导入 os 模块
# 记录总大小、文件个数、目录个数
totalSize, fileNum, dirNum = 0, 0, 0
# 遍历指定目录
def traversals(path):
    global totalSize, fileNum, dirNum
    if not os.path.isdir(path):
        print('错误：', path, '不是目录或不存在')
        return
    for lists in os.listdir(path):
        sub_path = os.path.join(path, lists)
        if os.path.isfile(sub_path):
            fileNum += 1  # 统计文件数量
            totalSize += os.path.getsize(sub_path)        # 文件总大小
        elif os.path.isdir(sub_path):
            dirNum += 1                                    # 统计子目录数量
            traversals(sub_path)                           # 递归遍历子目录
# 单位换算
def sizeConvert(size):
```

```
    K, M, G = 1024, 1024**2, 1024**3
    if size >= G:
        return str(round(size/G, 2)) + 'GB'
    elif size >= M:
        return str(round(size/M, 2)) + 'MB'
    elif size >= K:
        return str(round(size/K, 2)) + 'KB'
    else:
        return str(size) + 'Bytes'
# 输出目录位置、大小及个数
def output(path):
    if os.path.isdir(path):
        print('类型；文件夹')
    else:
        return
    print('位置:', path)
    print('大小:', sizeConvert(totalSize) +
            '('+ str(totalSize) + '字节)')
    print('包含:', fileNum, '个文件，',dirNum, '个文件夹')
# 测试
if __name__=='__main__':
    path = 'D:/pytest1'
    traversals(path)
    output(path)
```

运行结果为：

```
类型：文件夹
位置：f:/pytest1
大小：1.07MB(1121169 字节)
包含：19 个文件，  7 个文件夹
```

小　结

本章首先介绍了文件的概念，接着介绍了按数据的组织形式对文件的分类，然后介绍了文件的打开、读取、写入、关闭和刷新等相关操作的方法，以及数据格式化和处理方法，包括一维数据和二维数据的概念，CSV 格式数据的读写方法，最后介绍了通过 os 模块进行目录创建、目录删除等与操作系统相关的操作方法。

习　题

编程题

1.将生成的九九乘法表写入文件 mutiply_table.txt 中。

2. 读取上一题 mutiply_table.txt 文件中的内容，并按行输出。

3. 将以下数据写入到 csv 文件中。

1	2	3	4
5	6	7	8
89	55	66666	5
张三	李四	王五	tom

4. 从键盘输入一些字符，逐个把它们写到指定的文件，直到输入一个 @ 为止。

示例 1：

请输入文件名：out.txt

请输入字符串：Python is open.@

执行代码后，out.txt 文件中内容为：Python is open。

5. 假设当前目录下有一个文件名为 class_score.txt 的文本文件，存放着某班学生的学号（第 1 列）、语文成绩（第 2 列）和数学成绩（第 3 列），以空格分割各列数据。请编写程序完成下列要求：

①分别求出这个班语文成绩和数学成绩的平均分（保留 1 位小数）并输出。

②找出这个班两门课都不及格（<60）的学生，输出这些学生的学号、语文成绩和数学成绩。

③找出这个班两门课的平均成绩为优秀（≥ 90 分）的学生，输出这些学生的学号、语文成绩和数学成绩和平均成绩。

第 11 章

Python 操作数据库

　　Python 提供了多种方式方法来操作数据库。本章首先介绍了数据库相关基本概念和关系模型及关系数据库；然后对 Python 数据库访问的通用模块和专用模块做了简单介绍；最后分别介绍了：通过 pymssql 模块操作 MS SQL Server 数据库、通过 pymysql 模块操作 MySQL 数据库以及通过 sqlite3 模块操作 SQLite 数据库。

11.1　数据库基础简介及Python数据库访问模块

11.1.1　数据库基础简介

1. 数据库的相关概念

　　数据是存储在数据库中的具体对象。日常生活中所说的数字仅仅是数据的一种。广义的数据包括文本数据、图形图像数据、视频音频数据以及结构化、非结构化和半结构化的经过数字化处理后的各种具体应用数据，数据与其语义（数据的含义）是不可分割的。

　　数据库是存储数据的仓库。这个仓库指的是计算机存储设备，且通常按照一定的格式进行存储和管理。数据库中的数据一般按照一定的数据模型来组织存储，且具有较低的冗余以及较高的逻辑独立性和物理独立性，能为各种用户有条件或者无条件地进行共享。

　　数据库管理系统是用来组织存储数据以及管理维护数据的系统软件。本章所述的 Python 操作数据库，实际上指的是操作通过数据库管理系统软件来组织存储的数据。数据库管理系统的主要功能通常包括数据定义、数据操作、数据库的运行管理维护等。

　　数据库系统是引入数据库后通过数据库管理系统及相关开发工具来组织存储数据以及管理维护数据的应用程序和专门人员的合称。其中应用程序通常包括开发应用程序所需的硬件、操作系统、具体的数据库管理系统软件及相关开发工具等，专门人员通常包括全面管理数据库系统的系统管理员以及数据库管理员和用户等。

2. 数据模型

　　数据模型通常分为两个层次：概念模型和数据库模型。概念模型又称为信息模型，是从用户的角度出发来对数据和信息进行抽象。概念模型一般使用实体 - 联系图（entity relationship diagram, E-R）来描述。数据库模型是从计算机系统的角度对数据和信息进行抽象建模，不做特别说明的情况下，数据模型更多指的是数据库模型这个层次。数据库模型种类比较多，常用的包括层次模型、网状模型、关系模型和面向对象模型等，其中目前主流的是关系模型。数据库模型是对数据特征进行模拟和抽象后，描述数据的静态特征、动态特征以及约束条件的框架。数据模型通常由数据结构、数据操作以及数据的完整性约束条件三部分组成。

3. 概念模型及 E-R 图

概念模型是独立于现实世界和机器世界的中间层次，是数据库设计的主要工具之一，一般通过 E-R 图（也可称作 E-R 模型）来表示。E-R 图提供了表示实体（现实世界客观存在且能相互区分的人、事、物和概念及其抽象）、属性（实体或者联系特征描述）和联系（一般可分为一对一、一对多和多对多三种联系类型）的基本方法，同时也可以通过扩展表示更丰富的内容。

在 E-R 图中，用矩形框表示实体，框内注明实体名；用椭圆形框表示属性，框内注明属性名；用菱形框表示联系，框内注明联系名；用无箭头实线连接实体与属性、实体与联系、联系与属性，并在实体与联系的实线上注明实体与实体之间的联系类型。例如，学生选修教师讲授的课程这一应用，其中学生实体由学号、姓名、性别、专业等属性描述；教师实体由工号、姓名、性别、职称等属性描述；课程由课程编号、课程名称、理论学时、实验学时等属性描述；教师讲授课程的多对多联系由学期、周次，星期节次、地点等属性描述；学生选修课程的多对多联系由平时成绩、期末成绩等属性描述。学生选修课程的示例 E-R 图如图 11.1 所示。

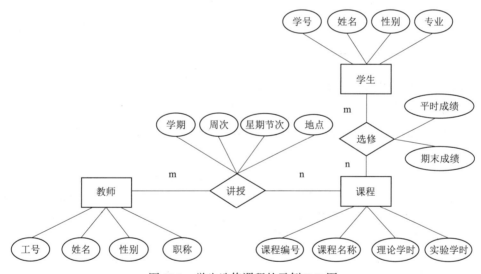

图 11.1　学生选修课程的示例 E-R 图

4. 关系模型及关系数据库

关系模型是关系数据模型的简称，是属于数据模型第二层次中的主流数据库模型。关系模型由关系数据结构、关系操作集合和关系完整性约束三部分组成。关系数据结构，从用户的角度看，就是一张二维表，严格意义上要求这张二维表中不能有合并单元格或者说不能有表中表（第一范式的要求），其中常说的二维表的表头则是关系模式的范畴；从 E-R 图的视角看，关系数据结构就是实体及实体之间的联系；从关系模型的基础集合代数的维度看，关系数据结构是一组域的笛卡尔积的有限子集。关系操作集合一般包括插入、删除、修改和查询，其中最主要的操作查询通常包括选择、投影、连接、除、并、交、差等。关系的完整性约束则一般由实体完整性、参照完整性和用户自定义完整性三部分组成。

关系数据库一般是指使用关系数据模型的数据库管理系统的简称。关系数据库中的关系是由行和列组成的，关系数据库中的关系与日常用到的二维表的相关术语对比表见表 11.1。

表 11.1　关系数据库中的关系与二维表相关术语对比表

关系数据库中的关系相关术语	二维表相关术语
关系名	二维表名称
关系模式	描述二维表的表头
关系	二维表（要对应至少满足第一范式）
元组 / 记录 / 属性 / 字段	行 / 行 / 列 / 列
属性名 / 字段名 / 属性取值	列名 / 列名 / 列的取值
规范关系	二维表（不含合并单元格或表中表）
非规范关系	二维表（有合并单元格或表中表）

关系数据库的关系中，若某个属性或者属性的组合能唯一标识一个元组，则称之为候选关键字。如果有多个候选关键字，则从候选关键字中选取一个，称之为主关键字（也称之为主键）。

目前，使用关系数据模型的数据库管理系统软件比较多，如 Microsoft SQL Server、MySQL、Oracle、Access，人大金仓 KingBase 以及华为 Gauss DB（分布式关系型数据库）等。

11.1.2　Python 数据库访问模块

1. Python 通用数据库访问模块

（1）JDBC

JDBC（java database connectivity，Java 数据库连接）是 Java 语言中规范程序来访问数据库的应用程序接口，一般来说 JDBC 是面向关系型数据库的。

提到 JDBC，不得不提一下 Jython，它是一种运行在 Java 平台上的 Python 解释器，可以和 Java 程序无缝集成，即可以提供 Python 的库，也可以提供 Java 类。Jython 使得 Python 与 Java 之间拥有了优良的交互性，即可以通过 Python 程序来调用 Java 程序中的方法，也可以通过 Java 程序来调用 Python 程序中的方法。

Jython 2.1 之后的版本，包含了借助 JDBC 来访问数据的 zxJDBC 模块，该模块建立在底层 JDBC 接口之上，支持 DB-API 2.0 接口。

（2）ODBC

ODBC（open database connectivity，开放数据库互联）是为了让异构数据库之间能够共享数据而制定的数据库访问接口标准。使用 ODBC 的应用程序以 SQL 为标准存取和直接操作不同数据库管理系统管理的数据。在 Windows 平台中，常用的 Oracle、Microsoft SQL Server 等数据库管理系统均提供了相应的 ODBC 驱动程序，实现了通用的数据库访问。Python 主要实现了 mxODBC、pyodbc 和 ODBC Interface 三种 ODBC 数据库访问模块。其中 mxODBC 是 mx 系列工具包的组成部分，实现了绝大多数的 DB-API 2.0 接口；pyodbc 是完全开源的 Python ODBC 接口，其完整实现了 DB-API 2.0 接口；ODBC Interface 是跟随 PythonWin 一起发行的附带模块，文档和维护方面的工作相对比较缺乏。

（3）SQL Relay

SQL Relay 是 UNIX 或 Linux 系统下的通用数据库访问模块，更准确地来说，SQL Relay 是该系统环境下的通用数据库连接池，支持多种类型的数据库，提供了 Python 接口，但对 DB-API 不兼容。

2. Python 专用数据库访问模块

针对目前流行的数据库，Python 提供了专用的数据库访问模块，本书给出访问部分数据库的专用 Python 模块，见表 11.2。本章后续会介绍访问 SQLite、Microsoft SQL Server 和 MySQL 三种数据库的专用模块，需要了解其他数据库专用访问模块的读者可以自行查阅相关资料。

表 11.2　Python 提供的部分专用数据库访问模块

数据库类型	Python访问模块
SQLite	sqlite3
Microsoft SQL Server	pymssql
MySQL	pymysql
Oracle	DCOracle2/ cx_Oracle
Access	Pywin32/ win32com.client
PostgreSQL	PyGreSQL/ pyPgSQL -
IBM DB2	pydb2
MongoDB	pymongo
Neo4j	py2neo

11.2　Python操作内置的SQLite关系型数据库

11.2.1　SQLite 数据库和 sqlite3 模块

SQLite 数据库是一款使用 C 语言开发并已内嵌于 Python 中的开源关系型数据库管理系统。它的设计目标是嵌入式的，SQLite 内置于所有手机以及绝大多数计算机中，并捆绑在日常生活频繁使用的无数应用程序中。SQLite 支持 Windows、Linux 和 UNIX 等主流操作系统，并能很好地与很多程序设计语言如 Java、PHP 和 Python 等完美结合，同时提供了 ODBC 接口。SQLite 支持绝大多数 SQL-92 标准，遵守原子性、一致性、独立性和持久性的事务特性。

SQLite 是基于磁盘文件的，支持最大 140 TB 大小的单个数据库，目前最新的版本是 SQLite 3.41.2，可以通过使用 SQLiteManager、SQLiteStudio 或 Navicat 等工具进行可视化管理。

SQLite 支持的数据类型主要包括 NULL、INTEGER、REAL、TEXT 和 BLOB。由于 SQLite 采用动态数据类型，即根据值来进行判断，实际上，目前的 SQLite3 支持更加丰富的数据类型，如 smallint、integer、float、double、char(n)、varchar(n)、datatime 等。读者可以通过适配器（adapter）存储更多的 Python 数据类型到 SQLite 数据库中，也可以通过转换器（converter）把 SQLite 数据库中的数据转换成 Python 支持的数据类型。

sqlite3 模块是 Python 标准库中自带的，不需要安装即可直接通过 import sqlite3 语句导入使用。

11.2.2　SQLite 数据库连接及操作

1. Connection 连接对象

Connection 连接对象是 sqlite3 模块中最重要的一个类，其主要方法包括 execute()、executemany()、cursor()、commit()、rollback()、close()、create_function() 等。

在 import sqlite3 语句导入模块后，通过 connect() 方法建立数据库连接。示例代码如下：

```
import sqlite3
con=sqlite3.connect(r" d:\example\test.db")
```

若该数据库存在则打开，否则创建并打开该数据库。建立连接后可以设置相关属性并进行后续相关操作。

2. Cursor 游标对象

Cursor 游标对象是 sqlite3 模块中较为重要的一个类，其主要方法包括 execute()、executemany()、fetchone()、fetchmany()、fetchall() 等。其中 execute()、executemany() 等 execute 相关方法在 Connection 对象中也存在，直接使用 Connection 对象中的相关方法比较常见。实际上，Connection 对象中的这些方法是 Cursor 对象中相应方法的快捷方式，系统通过建立一个临时的 Cursor 对象并调用相应方法。其中 fetch 打头的几个方法主要用来读取数据。

3. Row 行对象

Row 对象是根据 Cursor 游标对象中的 fetchone()、fetchmany()、fetchall() 等方法返回的以一行为单位的结果集（可能是一行、多行或者全部）。假定将 Row 对象中的一行结果集命名为 r，则对象 r 通常支持以下访问：

r[i]：返回该行中第 i 列数据取值。

len(r)：返回该行中数据列数。

tuple(r)：将该行数据转换成 Python 元组类型的数据。

SQLite 数据库连接及相关操作详见本章 Python 操作 SQlite 数据库实例讲解。

11.3　Python操作SQL Server和MySQL数据库

11.3.1　Python 操作 SQL Server 数据库

在表 11.2 中，列出了 Python 提供的部分专用数据库访问模块，Python 操作 SQL Server 数据库可以通过 pymssql 专用数据库访问模块来进行，除此之外，还可以通过 pyodbc 或 pywin32 等方式进行。本节主要介绍通过 pymssql 操作 SQL Server 数据库的基本步骤及简单实例。

1. 通过 pymssql 操作 SQL Server 数据库的基本步骤

pymssql 是访问 SQL Server 的专用模块，Python 中通过该模块操作 SQL Server 数据库的基本步骤如下。

①通过 pip install pymssql（pip 命令需要在命令行窗口执行，在操作系统左下角"开始"菜单中找到"运行"命令或通过按【Windows 徽标键 +R】快捷键打开"运行"对话框，在"运行"对话框输入 cmd，按回车确认即可进入命令行窗口）安装该模块。特别提醒读者需要注意的是，如果安装失败或者在 PyCharm 中不能导入模块，极有可能是版本没对应上或者是在 PyCharm 中没有进行相应的设置（具体设置后面的实例会介绍），可以通过官网下载对应版本相应的 whl 文件，通过 pip install pymssql+ 版本号 .whl 的方式进行安装，并通过 pip list 或通

过 import pymssql 查看是否安装成功。

②安装成功后，通过 import pymssql 语句导入 pymssql 模块。

③通过 pymssql.connect() 方法创建数据库连接 Connection 对象（例如命名为 conn）并设置事务自动提交 conn.autocommit()。

④获取游标 conn.cursor() 对象（其中 conn 是上一步中命名的数据库连接 Connection 对象，下同），通过游标对数据库进行相关操作，例如数据查询、数据插入、数据删除、数据修改或获取结果信息等。

⑤根据操作需要（数据插入、数据删除、数据修改均需要提交事务）通过 conn.commit() 方法提交当前事务或者通过 conn.rollback() 回滚当前事务。

⑥通过 conn.close() 方法关闭当前数据库连接。

其中，Cursor 游标相关的操作方法主要包括：通过 rowcount 获取影响结果行数；通过 execute（SQL 语句）、execute（SQL 语句，相关参数）或者 executemany（SQL 语句，相关参数列表）的方式执行数据库相关操作；通过 fetchone() 方法获取单一数据；通过 fetchmany() 方法获取部分数据；通过 fetchall() 方法获取所有数据；通过 close() 方法关闭游标。

2. 通过 pymssql 操作 SQL Server 数据库的简单实例

下面介绍通过 pymssql 操作 SQL Server 数据库的简单实例，该实例使用的操作系统为 64 位，Python 版本为 3.8，数据库版本为 SQL Server 2008，通过 Pycharm 执行 Python 语句进行讲解。

（1）下载并安装 Pycharm 模块

考虑到与 Pycharm 的版本兼容问题，请到官网下载文件（读者如果使用的版本不同，务必下载对应版本），将该文件放到 C 盘根目录下，按照前面给出的方法进入命令行并进入 C 盘根目录，并执行安装命令 pip install pymssql-2.2.4-cp38-cp38-win_amd64.whl，完成 pymssql 模块的安装。也可以直接打开 PyCharm，单击 File（文件）→ settings（设置）菜单命令，再单击 Project，选择 Project Interpreter，单击"+"，直接搜索 pymssql，选中 pymssql 后单击 Install Package 按钮进行安装。

（2）连接数据库

完成 pymssql 模块的安装后，假设在 SQL Server 中已经创建了名为 testdb 的数据库，并且设置了 SQL Server 数据库的用户名和密码均为 sa 的 SQL Server 身份验证登录方式，可以通过下面的语句测试连接数据库是否成功，成功连接会返回 OK。

```
import pymssql
conn=pymssql.connect(host='localhost',user='sa',password='sa', database='testdb')
if conn :
print("OK")
```

需要注意的是，如果安装 MS SQL Server 时选择的是 Windows 身份验证，需要更换为 SQL Server 身份验证登录方式。

（3）操作数据库

假设 MS SQL Server 中已经创建好了数据库名为 testdb 的数据库，且数据库中不存在

users 表，按照下列 Python 代码即可完成数据库的连接、users（username，password）表的创建，以及操作数据库（插入 insert 和更新 update）。带注释的完整代码如下：

```python
# 导入 pymssql 模块
import pymssql
# 连接 testdb 数据库，SQL Server 身份验证登录名和密码均为 sa
conn = pymssql. connect(host='localhost', user='sa', password='sa', database='testdb')
# 自动提交事务设置为 TRUE, 不要省略
conn.autocommit(True)
# 定义游标
cursor1 = conn.cursor()
# 定义建表字符串
sqlstr1='create table users(username varchar(20),password varchar(20))'
# 执行建表操作
cursor1.execute(sqlstr1)
# 下面三条语句的作用：向表中插入数据并提交事务
sql2="insert into users values(%s,%s)"
cursor1.executemany(sql2,[('user1','user1pwd'),('user2','user2pwd')])
conn.commit()
# 下面语句的作用：查询 users 表中的所有数据
# 并通过 row 行对象逐行输出数据
cursor1.execute('select * from users')
row=cursor1.fetchone()
while row :
    print("username=%s,password=%s" %(row[0],row[1]))
    row=cursor1.fetchone()
# 输出分割线
print("-user1 密码改为 user1pwd1 后的表中数据 -")
# 下面语句的作用：将 user1 用户的密码修改为 user1pwd1,
# 并将修改后的表中所有数据逐行输出
sqlstr3="update users set password ='user1pwd1' where username='user1'"
cursor1.execute(sqlstr3)
cursor1.execute('select * from users')
row=cursor1.fetchone()
while row :
    print("username=%s,password=%s" %(row[0],row[1]))
    row=cursor1.fetchone()
# 关闭游标
cursor1.close()
# 关闭数据库连接
conn.close()
```

执行完上面的代码后，Pycharm 输出窗口结果如图 11.2 所示（为了截图效果更改了默认设置的字体颜色和背景颜色），SQL Server 中数据库 testdb 下的修改后 users 表中的数据如图 11.3 所示。

```
username=user1,password=user1pwd
username=user2,password=user2pwd
username=user3,password=user3pwd
username=user4,password=user4pwd
-user1密码改为user1pwd1后的表中数据-
username=user1,password=user1pwd1
username=user2,password=user2pwd
username=user3,password=user3pwd
username=user4,password=user4pwd
```

图 11.2　Pycharm 输出窗口结果

-20210718WICN.testdb - dbo.users	
username	password
user1	user1pwd1
user2	user2pwd
user3	user3pwd
user4	user4pwd

图 11.3　修改后 users 表中的数据

11.3.2　Python 操作 MySQL 数据库

在表 11.2 中，列出了 Python 提供的部分专用数据库访问模块，Python 操作 MySQL 数据库可以通过 pymysql 专用数据库访问模块来进行，除此之外，同样可以通过 pyodbc、MySQLdb（目前仅支持 python2.x）或 SQLAchemy 等方式进行。本节主要介绍通过 pymysql 操作 MySQL 数据库的基本步骤及简单实例。

1. 通过 pymysql 操作 MySQL 数据库的基本步骤

pymysql 是访问 MySQL 的专用模块，Python 中通过该模块操作 MySQL 数据库的基本步骤如下：

①通过 pip install pymysql（pip 命令需要在命令行窗口执行，在开始菜单找到运行，输入 cmd 按回车确认即可进入命令行窗口）安装该模块。可以通过 pip list 或通过 import pymysql 查看是否安装成功。

②安装成功后，通过 import pymysql 语句导入 pymysql 模块。

③通过 pymysql.connect() 方法创建数据库连接 Connection 对象（例如命名为 conn）并设置事务自动提交 conn.autocommit()。

④获取游标 conn.cursor()（其中 conn 是上一步中命名的数据库连接 Connection 对象，下同），通过该游标指针，可以对数据库进行相关操作，例如数据查询、数据插入、数据删除、数据修改或获取结果信息等。

⑤根据操作需要（数据插入、数据删除、数据修改均需要提交事务）通过 conn.commit() 提交当前事务或者通过 conn.rollback() 回滚当前事务。

⑥通过 conn.close() 方法关闭当前数据库连接。

其中，Cursor 游标相关的操作方法主要包括：通过 rowcount 获取影响结果行数；通过 execute（SQL 语句）、execute（SQL 语句，相关参数）或者 executemany（SQL 语句，相关参数列表）的方式执行数据库相关操作；通过 fetchone() 方法获取单一数据；通过 fetchmany() 方法获取部分数据；通过 fetchall() 方法获取所有数据；通过 close() 方法关闭游标。

2. 通过 pymysql 操作 MySQL 数据库的简单实例

通过 pymysql 操作 MySQL 数据库与通过 pymssql 操作 MS SQL Server 数据库非常类似，假定 MySQL 中已经创建好了数据库名为 mysqldb 的数据库且库中已经创建好了 studentinfo 表，studentinfo 表结构及数据见表 11.3。

表 11.3　studentinfo 表结构及数据

studentNumber(学号，varchar（20）)	studentName（姓名，varchar（20））	nativePlace（籍贯，varchar(20)）
2022231801	张三	江西景德镇
2022231802	李四	安徽芜湖

下面直接通过一段带注释的完整代码介绍插入数据、删除数据、修改数据以及查询并显示数据的简单实例。带注释的完整代码如下：

```python
# 导入 pymysql 模块
import pymysql
# 连接名为 mysqldb 的数据库，MySQL 登录名和密码均为 root
conn = pymysql. connect(host='localhost', user='root', password='root', database='mysqldb',charset='UTF8MB4')
# 自动提交事务设置为 TRUE，不能省略
conn.autocommit(True)
# 定义游标
cursor2 = conn.cursor()
# 下面语句的作用：向 studentinfo 表中插入数据并提交事务
sqlstr1="insert into studentinfo values(%s,%s,%s)"
cursor2.executemany(sqlstr1,[('2022231803','王五','浙江杭州'),('2022231804','赵六','江苏南京')])
conn.commit()
# 下面语句的作用：查询 studentinfo 表中的所有数据
# 并通过 row 行对象逐行输出数据
cursor2.execute('select * from studentinfo')
row=cursor2.fetchone()
while row :
    print("学号 =%s, 姓名 =%s, 籍贯 =%s" %(row[0],row[1],row[2]))
    row=cursor2.fetchone()
# 输出分割线
print("--- 删除学号为 2022231804 之后的表中数据 ---")
# 下面语句的作用：删除 2022231804 行，查询并输出表中数据
sqlstr2="delete from studentinfo where studentNumber ='2022231804'"
cursor2.execute(sqlstr2)
cursor2.execute('select * from studentinfo')
row=cursor2.fetchone()
while row :
    print("学号 =%s, 姓名 =%s, 籍贯 =%s" %(row[0],row[1],row[2]))
    row=cursor2.fetchone()
# 关闭游标
cursor2.close()
# 关闭数据库连接
conn.close()
```

执行完上面的代码后，输出结果如图 11.4 所示（为了截图效果更改了默认设置的字体颜色和背景颜色），MySQL 中 mysqldb 数据库的 studentinfo 表中的数据如图 11.5 所示。

图 11.4　输出结果

图 11.5　studentinfo 表中的数据

11.4　Python操作SQLite数据库实例

SQLite 作为一款已内嵌于 Python 中的开源关系型数据库管理系统，其使用起来非常方便，通过 Python 标准库中已经包含的 sqlite3 模块进行相关操作。本节主要通过课程信息表（courseInfo 表，见表 11.4）分步骤介绍相关操作。

表 11.4　课程信息表（courseInfo 表）

课程编号 courseNumber	课程名称 courseName	理论学时 theoryHours	实验学时 experimentalHours	课程学分 courseCredit
XH1190608001	面向对象程序设计	40	24	4.0
XH1190608002	数据库系统原理	40	16	3.5
XH1190608003	机器学习	48	16	4.0
XH1190608004	操作系统原理	40	8	3

1. 根据表 11.4，完成 courseInfo 表的创建及初始数据录入

如前所述，可以通过使用 SQLiteManager、SQLiteStudio 或 Navicat 等工具对 SQLite 数据库进行可视化管理，本书选用 Navicat。打开 Navicat 后，单击左上角的"连接"按钮，输入连接名 testsqlite，选择"类型"中的"新建 SQLite3"单选按钮，数据库文件保存路径为 c:\testsqlite.db，新建 SQLite 连接，如图 11.6 所示。courseInfo 表的创建如图 11.7 所示，录入表 11.4 中数据后的 courseInfo 表如图 11.8 所示。

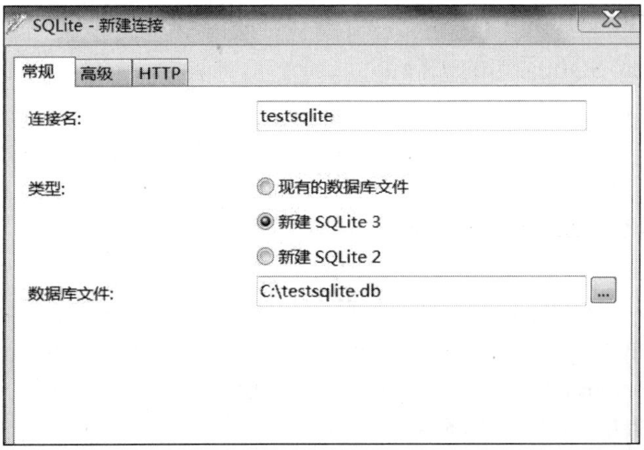

图 11.6　新建 SQLite 连接

图 11.7　courseInfo 表的创建

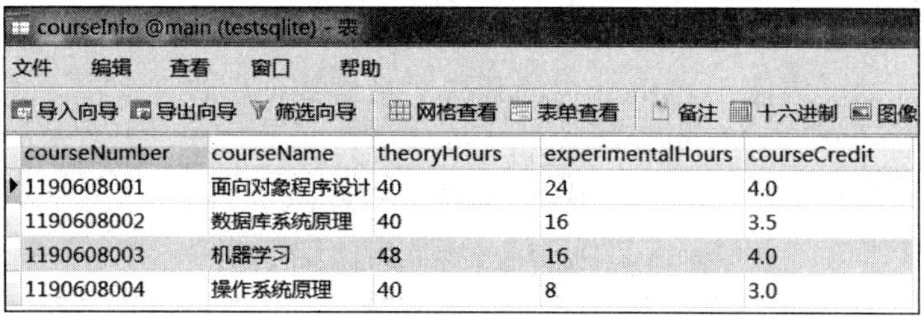

图 11.8　录入表 11.4 中数据后的 courseInfo 表

2. 建立数据库连接

假定在 C 盘根目录下已经建好了名为 testsqlite.db 的 SQLite 数据库，并且已经按照上面所述建好了表 courseInfo，表中已经加入了如表 11.8 所示的数据，即可通过下列代码完成数据库连接：

```
import sqlite3
conn = sqlite3.connect(r"C:\testsqlite.db")
```

3. 创建游标

通过下列语句完成游标的创建：

```
cursor2 = conn.cursor()
```

4. 通过游标对象的 execute 方法执行插入、删除、查询和更新 SQL 语句

通过下列语句完成 SQL 语句的执行：

```
cursor2.execute("SQL 语句 ")
conn.commit()
```

5. 本实例带注释的完整 Python 代码

```
# 导入 sqlite3 模块
import sqlite3
# 连接 C 盘根目录下名为 testsqlite 的数据库
conn = sqlite3.connect(r"C:\testsqlite.db")
# 自动提交事务设置为 TRUE, 不能省略
conn.isolation_level=None
```

```
# 为连接对象设置行工厂对象
conn.row_factory=sqlite3.Row
# 定义游标
cursor2 = conn.cursor()
# 下面语句的作用：向 studentinfo 表中插入数据并提交事务
cursor2.execute("insert into courseInfo(courseNumber,courseName,theoryHours,
experimentalHours,courseCredit) values(?,?,?,?,?)",('XH1190608005','Python 程序
设计',24,24,3))
conn.commit()
# 下面语句的作用：查询 studentinfo 表中的所有数据
# 并通过 row 行对象逐行输出数据
cursor2.execute('select * from courseInfo')
row=cursor2.fetchone()
while row :
    print("课程编号 =%s, 课程名称 =%s, 理论学时 =%s, 实验学时 =%s, 课程学分 =%s" %(row[0],
row[1],row[2],row[3],row[4]))
    row=cursor2.fetchone()
# 输出分割线
print("--- 删除课程编号为 XH1190608001 之后的表中数据 ---")
# 下面语句的作用：删除学号为 2022231804，查询并输出表中数据
sqlstr2="delete from courseInfo where courseNumber='XH1190608001'"
cursor2.execute(sqlstr2)
conn.commit()
cursor2.execute('select * from courseInfo')
row=cursor2.fetchone()
while row :
    print("课程编号 =%s, 课程名称 =%s, 理论学时 =%s, 实验学时 =%s, 课程学分 =%s" %(row[0],
row[1],row[2],row[3],row[4]))
    row=cursor2.fetchone()
# 输出分割线
print("--- 改课程编号为 XH1190608002 的课程名称后的数据 ---")
# 下面语句的作用：删除学号为 2022231804，查询并输出表中数据
cursor2.execute("update courseInfo set courseName=' 数据库系统概论 ' where
courseNumber='XH1190608002'")
conn.commit()
cursor2.execute('select * from courseInfo')
row=cursor2.fetchone()
while row :
    print("课程编号 =%s, 课程名称 =%s, 理论学时 =%s, 实验学时 =%s, 课程学分 =%s" %(row[0],
row[1],row[2],row[3],row[4]))
    row=cursor2.fetchone()
# 关闭游标
cursor2.close()
# 关闭数据库连接
conn.close()
```

上面的代码执行完成后，PyCharm 中的程序输出结果如图 11.9 所示，Navicat 中的 courseInfo 表中的数据如图 11.10 所示。

```
课程编号=XH1190608001,课程名称=面向对象程序设计,理论学时=40,实验学时=24,课程学分=4.0
课程编号=XH1190608002,课程名称=数据库系统原理,理论学时=40,实验学时=16,课程学分=3.5
课程编号=XH1190608003,课程名称=机器学习,理论学时=48,实验学时=16,课程学分=4.0
课程编号=XH1190608004,课程名称=操作系统原理,理论学时=40,实验学时=8,课程学分=3.0
课程编号=XH1190608005,课程名称=Python程序设计,理论学时=24,实验学时=24,课程学分=3.0
---删除课程编号为XH1190608001之后的表中数据---
课程编号=XH1190608002,课程名称=数据库系统原理,理论学时=40,实验学时=16,课程学分=3.5
课程编号=XH1190608003,课程名称=机器学习,理论学时=48,实验学时=16,课程学分=4.0
课程编号=XH1190608004,课程名称=操作系统原理,理论学时=40,实验学时=8,课程学分=3.0
课程编号=XH1190608005,课程名称=Python程序设计,理论学时=24,实验学时=24,课程学分=3.0
---改课程编号为XH1190608002的课程名称后的数据---
课程编号=XH1190608002,课程名称=数据库系统概论,理论学时=40,实验学时=16,课程学分=3.5
课程编号=XH1190608003,课程名称=机器学习,理论学时=48,实验学时=16,课程学分=4.0
课程编号=XH1190608004,课程名称=操作系统原理,理论学时=40,实验学时=8,课程学分=3.0
课程编号=XH1190608005,课程名称=Python程序设计,理论学时=24,实验学时=24,课程学分=3.0
```

图 11.9　程序输出结果

图 11.10　courseInfo 表中的数据

小　结

本章介绍了数据库的相关基本概念和 Python 数据库访问模块。通过简单实例介绍了通过 pymssql 模块操作 SQL Server 数据库、通过 pymysql 模块操作 MySQL 数据库的基本步骤及所涉及的常见对象和方法，并结合较为详细的实例讲解了 Python 通过 sqlite3 模块操作 SQLite 数据库的过程。

习　题

1. 简述通过 pymssql 模块操作 SQL Server 数据库的步骤，查阅其所涉及的所有对象和方法。
2. 简述通过 pymysql 模块操作 MySQL 数据库的步骤，查阅其所涉及的所有对象和方法。
3. 简述通过 sqlite3 模块操作 SQLite 数据库的步骤，查阅其所涉及的所有对象和方法。

第12章

Python 计算生态

因为 Python 共享、开源和通用的特性，使其拥有多元丰富的计算生态。Python 既拥有几百个随安装包一起安装的标准库，又拥有通过 Python 社区开发和发布的数量众多且功能较为完善的解决不同领域应用问题的第三方库。在 Python 第三方库（Python 包索引 PyPI）的官方网站 pypi.org 上有几十万个已经发布的项目，目前发布的第三方库基本上能满足大多数情况下的相关领域应用需求。本章对常用的 Python 标准库和 Python 第三库做一个较为简单的介绍，以期让读者对 Python 计算生态有初步认识并较为准确全面的理解 Python 共享、开源和通用的特性。

12.1 Python标准库简介

跟随 Python 标准安装包一起安装的一部分常用库称为 Python 标准库，Python 标准库大约有 270 个，Python 标准库提供的相关操作可以直接使用，Python 部分内置函数见表 12.1。Python 部分内置函数仅做简单介绍，详情请自行查阅学习。本节对常用的部分标准库同样仅做简单介绍，需要进一步学习的读者可以自行查阅相关文档（如 Python 语言参考手册）等资料。

表 12.1 Python 部分内置函数

函数名	作用	函数名	作用
abs()	返回绝对值	set()	创建集合
divmode()	返回商和余数	sorted()	排序
round()	四舍五入	len()	元素个数
sum()	求和	range()	生成数据的范围
max()	求最大值	input()	接收输入
min()	求最小值	print()	输出
reversed()	序列翻转	open()	打开文件
slice()	列表切片	help()	帮助
str()	转换成字符串	pow(x,y)	幂运算
dict()	创建字典	dir()	查看属性

1. 文本及二进制处理标准库

- string：字符串相关操作。
- re：正则表达式相关操作。
- difflib：比较文本、数据集或文件等的差异。
- textwrap：文本包装与填充等文本美化相关操作。
- unicodedata：对 Unicode 字符数据库的访问。
- stringprep：用于因特网协议的 Unicode 字符串预备。
- readline：GNU readline 接口相关操作。
- rlcompleter：GNU readline 接口的补全函数。
- struct：解读字节串为打包的二进制数据。
- codecs：编解码器注册与相关基类操作。

2. 内置类型及数据类型标准库

- 布尔运算：and（与）、or（或）和 not（非）。
- 比较运算：<、<=、>、>=、==、!=、is 和 is not。
- 数字类型：int, float, complex（复数）。
- 迭代器类型：支持在容器中进行迭代。
- 序列类型：list、tuple、range。
- 文本序列类型：str（字符串）。
- 二进制序列类型：bytes、bytearray、memoryview。
- 集合类型：set、frozenset。
- 字典映射类型：dict。
- 上下文管理器类型：上下文管理器所定义的运行时上下文。
- 类型注解的类型：Generic Alias 与 Union。
- datetime：日期和时间相关基本类型。
- zoneinfo：IANA 时区支持。
- calendar：日历相关方法。
- collections：容器数据类型。
- collections.abc：容器的抽象基类。
- heapq：堆队列（优先队列）算法。
- bisect：有序列表的二分查找算法。
- array：紧凑地表示整型、浮点型及字符的数组。
- weakref：弱引用。
- types：协作动态类型创建以及内置类型名称。
- copy：shallow（浅层）和 deep（深层）复制操作。
- pprint：数据美化打印输出。
- reprlib：另一种 repr() 实现。
- enum：枚举类型。
- graphlib：支持类似图结构的操作。

3. 数字和数学标准库

- numbers：数字的抽象基类。
- math：对应 C 标准定义的数学函数。
- cmath：复数的相关数学函数。
- decimal：十进制定点和浮点运算。
- fractions：支持分数运算。
- random：各种伪随机数生成器。
- statistics：提供对数字数据的数理统计函数。

4. 文件和目录操作标准库

- pathlib：文件系统路径的类。
- os.path：路径相关常用操作。
- fileinput：支持对多个输入流的行进行迭代。
- stat：解析 stat() 的结果。
- filecmp：提供比较文件与目录的函数。
- tempfile：创建临时文件与目录。
- glob：Unix 规则的路径名匹配。
- fnmatch：Unix shell 规则的通配符。
- linecache：获取 Python 源文件中的任意行。
- shutil：文件或文件集合的高阶操作。

5. 数据持久化标准库

- pickle：Python 对象结构的二进制序列化与反序列化。
- copyreg：封存特定对象时定义函数的方式。
- shelve：持久化类似字典的对象。
- marshal：以二进制读写 Python 值的方法。
- dbm：DBM 数据库的泛用接口。
- sqlite3：遵循 DB-API 2.0 规范的 SQL 接口。

6. 文件格式、存档及数据压缩标准库

- csv：读写 CSV 格式表单数据的方法。
- configparser：配置文件解析器。
- netrc：netrc 格式文件解析。
- xdrlib：打包和解包 XDR 数据及异常处理。
- plistlib：读写 Apple .plist 文件的接口方法。
- zlib：对数据的压缩和解压缩。
- gzip：文件的压缩与解压缩。
- bz2：bzip2 算法的数据压缩与解压缩接口方法。
- lzma：LZMA 算法的数据压缩与解压缩接口方法。
- zipfile：ZIP 格式文件的读写、创建等方法。
- tarfile：tar 归档文件的读写。

7. 加密服务标准库

- hashlib：安全哈希和消息摘要的通用接口方法。
- hmac：提供 HMAC 算法的接口方法。
- secrets：高度加密的随机数生成方法。

8. 通用操作系统标准库

- os：操作系统相关功能接口。
- io：处理文本、二进制及原始 I/O 类型的方法。
- time：与时间相关的方法。
- argparse：命令行接口方法。
- getopt：C 语言命令行选项解析器。
- logging：事件日志系统的相关方法。
- logging.config：配置日志记录的方法。
- logging.handlers：日志处理程序。
- getpass：密码输入相关处理方法。
- curses：curses 库接口方法。
- curses.textpad：curses 窗口的文本框控件的处理等。
- curses.ascii：ASCII 字符处理方法。
- curses.panel：curses 的面板栈扩展。
- platform：底层平台相关标识数据的获取方法。
- errno：标准的 errno 系统符号处理方法。
- ctypes：Python 外部函数库处理方法。

9. 并发执行标准库

- threading：基于线程的并行。
- multiprocessing：基于进程的并行。
- multiprocessing.shared_memory：进程间共享内存的分配管理。
- concurrent.futures：并行任务的启动。
- subprocess：管理子进程。
- sched：事件调度处理方法。
- queue：同步队列类处理方法。
- contextvars：上下文相关状态处理方法。
- _thread：多个线程的处理方法。

10. 网络和进程间通信及互联网数据处理标准库

- asyncio：异步 I/O。
- socket：BSD 套接字的访问方法。
- ssl：套接字对象的 TLS/SSL 包装器。
- select：等待 I/O 完成。
- selectors：高层级且高效率的 I/O 复用处理方法。
- signal：信号处理程序处理方法。

- mmap：内存映射文件处理方法。
- email：电子邮件消息管理。
- json：JSON 的编码与解码。
- mailcap：处理 Mailcap 文件。
- mailbox：邮箱及所含电子邮件的处理方法。
- mimetypes：文件名（或 URL）与 MIME 类型间的转换。
- base64：不同编码的 ASCII 字符与二进制的编码与解码。
- binhex：编码与解码 binhex4 文件。
- binascii：二进制和 ASCII 码的相互转换方法。
- quopri：MIME 类型的可打印数据的编码与解码。
- uu：编码与解码 uuencode 文件。

11. 结构化标记处理标准库

- html：操作 HTML 的处理方法。
- html.parser：解析 HTML 与 XHTML。
- html.entities：定义 HTML 一般实体。
- xml 及其相关标准库：处理扩展标记语言的相关方法。

12. 互联网协议和支持标准库

- webbrowser：向用户显示 Web 文档的相关处理方法。
- cgi：CGI 脚本处理方法。
- cgitb：CGI 脚本的回溯管理器。
- wsgiref：Web 服务器网关接口处理方法。
- urllib：URL 处理相关标准库。
- urllib.request：URL 可扩展库的处理方法。
- urllib.parse：URL 的解析。
- urllib.error：urllib.request 所引发的异常类。
- urllib.robotparser：robots.txt 的语法分析。
- http：HTTP 相关标准库。
- http.client：HTTP 与 HTTPS 协议的客户端处理方法。
- ftplib：FTP 协议的客户端处理方法。
- poplib：POP3 协议的客户端处理方法。
- imaplib：IMAP4 协议的客户端处理方法。
- nntplib：NNTP 协议的客户端处理方法。
- smtplib：SMTP 协议的客户端处理方法。
- smtpd：SMTP 服务器处理方法。
- telnetlib：Telnet 客户端处理方法。
- uuid：UUID 对象。
- socketserver：网络服务器框架。
- http.server：HTTP 服务器。

- http.cookies：HTTP 的状态管理。
- http.cookiejar：处理 HTTP 客户端的 Cookie。
- xmlrpc：XMLRPC 客户端和服务端的处理方法。
- xmlrpc.client：访问 XML-RPC 客户端。
- xmlrpc.server：XML-RPC 基本服务器框架。
- ipaddress：IPv4/IPv6 相关处理方法。

13. 多媒体服务标准库

- audioop：声音片段的处理方法。
- aifc：AIFF 与 AIFC 格式文件的读写。
- sunau：Sun AU 格式文件的读写。
- wave：WAV 格式文件的读写。
- chunk：IFF 分块数据的读取。
- colorsys：不同颜色系统之间的相互转换。
- imghdr：推测字节流或文件中的图像类型。
- sndhdr：推测文件的声音数据类型。
- ossaudiodev：OSS 音频接口的访问。

14. 开发工具相关的部分标准库

- typing：类型提示的支持。
- pydoc：自动生成文档与调用在线帮助。
- doctest：Python 交互式代码寻找。
- unittest：Python 单元测试框架。
- unittest.mock：模拟方法调用。
- 2to3：Python 2 源代码自动转换为 Python 3。
- test 相关标准库：回归测试相关标准库。

15. 调试与分析部分标准库

- bdb：调速器框架。
- faulthandler：Python 跟踪信息的转储。
- pdb：源代码交互式调试器。
- timeit：计算 Python 代码片段的耗时。
- trace：程序执行过程的跟踪。
- tracemalloc：内存分配的跟踪。

16. 软件打包与分发标准库

- distutils：Python 模块的构建与安装。
- ensurepip：pip 安装程序的引导。
- venv：虚拟环境的创建。
- zipapp：打包文件管理工具。

17. Python 运行时服务标准库

- sys：系统参数和函数标准库。

- sysconfig：访问 Python 的配置信息。
- builtins：内置对象的访问。
- _ _main_ _：顶层脚本环境。
- warnings：控制警告信息。
- dataclasses：数据类。
- contextlib：with 语句实用工具。
- abc：抽象基类。
- atexit：退出处理器。
- traceback：堆栈跟踪信息的打印与读取。
- _ _future_ _：Future 语句定义。
- gc：垃圾回收器的相关处理方法。
- inspect：检查对象。
- site：指定域的配置钩子。

18. 导入模块及 Python 语言服务标准库

- zipimport：从 ZIP 格式档案中导入模块或包。
- pkgutil：导入系统的工具。
- modulefinder：确定脚本导入的模块。
- runpy：查找并运行 Python 的模块。
- importlib：import 语句的实现。
- ast：抽象语法树。
- symtable：编译器符号表的访问。
- token：和解析树一起使用的常量。
- keyword：Python 关键字的检验。
- tokenize：源代码词法扫描器。
- tabnanny：检查模糊缩进。
- pyclbr：Python 模块浏览器支持。
- py_compile：Python 源文件的编译。
- compileall：字节编译标准库。
- dis：Python 字节码的反汇编。
- pickletools：pickle 开发者工具。

19. Windows 系统标准库

- msilib：Microsoft 安装文件的读写。
- msvcrt：MS VC++ 运行时相关有用例程。
- winreg：Windows 注册表的访问。
- winsound：Windows 平台音频播放。

20. UNIX 专有服务标准库

- posix：访问 POSIX 系统功能。
- pwd：用户名及密码访问。
- spwd：访问 shadow 密码库。

- grp：访问组数据库。
- crypt：口令验证。
- termios：POSIX 风格的 tty 控制。
- tty：终端控制功能。
- pty：伪终端操作。
- fcntl：调用 fcntl 与 ioctl 的接口。
- pipes：终端管道接口。
- resource：程序所用系统资源的测量与控制。
- nis：Sun 的 NIS 库接口。
- syslog：UNIX syslog 日常库接口。

21. 其他标准库

其他标准库是上面尚未列出的，主要包括 Python 标准库中的函数式编程标准库、国际化标准库、程序框架标准库、Tk 图形用户界面标准库和自定义 Python 解释器标准库等，本节不再一一罗列，读者可以根据应用需要自行查阅相关文档进行了解学习。

目前，在 Python 第三方库（Python 包索引 PyPI）的官方网站 pypi.org 上有超四十万个已经发布的项目，足见 Python 第三方库的丰富多彩。本章后续两节将对众多 Python 第三方库从常见应用的维度做一个大致的分类罗列介绍，其中 12.2 节主要简单介绍科学计算、数据分析与处理及数据可视化应用相关的第三方库，并对其中有代表意义的 Numpy、Pandas 和 Matplotlib 三个优秀的第三方库结合简单实例进行介绍。12.3 节主要根据常见应用的维度，对文档处理、网络爬虫、机器学习、深度学习及自然语言处理、用户交互与 Web 开发、图形绘制与图像处理以及游戏开发六个应用领域的相关 Python 第三方库进行简单罗列，以供读者根据应用需要进行选择。相关第三方库均可以通过 pip install+ 库名进行安装，也可以通过在库名后加 "== 版本号"来安装指定版本的第三方库。同时也可以考虑使用相关镜像源加速安装，使用方法是：在 install 和库名之间通过 "-i 镜像源网址"来进行指定镜像源的安装。需要说明的是，部分第三方库本身功能较为强大，具备适用于多种应用领域的能力，本章仅从简单分类需要做了划分，不代表该第三方库不具备其他应用领域的处理能力。对本章已经罗列以及尚未罗列的数量众多且功能较为完善的解决不同领域应用问题的第三方库，读者可以根据应用需要自行查阅选择并安装学习使用。

12.2 Python第三方库之科学计算、数据分析与处理及数据可视化

Python 的应用领域及其众多，其中科学计算、数据分析与处理及数据可视化是其重要的优势应用领域，同时也涌现了很多相关的第三方库，本节会做一个大致的简单介绍，并对其中有代表意义的 Numpy、Pandas 和 Matplotlib 三个优秀的第三方库，结合简单实例进行介绍。需要深入了解的读者可以自行查阅相关资料进行学习。

12.2.1 科学计算、数据分析与处理第三方库简介

科学计算、数据分析与处理是 Python 经典的优势应用领域之一，涌现了大量第三方库。

- NumPy：具备高效的数值计算能力，特别是多维数组和大型矩阵的存储和处理能力，包括 Pandas、Matplotlib、SymPy 和 SciPy 等第三方库都高度依赖于 NumPy，因其使用面和重要性，已成为 Python 科学计算事实意义上的"标准库"。NumPy 中的 N 维数组类型 ndarray 具有灵活多样的数组生成方法及丰富的对象属性。
- Pandas：基于 NumPy 的数据分析与处理第三方库，具备大型数据集的分析与处理能力。提供了大量性能优良、简单易用的数据结构和分析与处理数据的方法和函数。其中，Series 和 DataFrame 数据类型分别对应一维数组和二维数组。
- SciPy：执行数学、工程计算和科学计算的第三方库。功能主要包括线性代数、统计、常微分方程、傅里叶变换等。
- SymPy：支持符号计算的第三方库。功能主要包括符号计算、模式匹配、微积分、离散数学、高精度计算和物理学等领域的计算与应用。
- astropy：天文学与天体物理学数据处理的第三方库。
- bcbio-nextgen：全自动高通量测序分析第三方库。
- bccb：生物分析第三方库。
- Biopython：生物计算第三方库。
- blaze：NumPy 与 Pandas 的大数据接口第三方库。
- Open Babel：化学相关第三方库。
- PyDy：动力学相关第三方库。
- RDKit：计算化学相关第三方库。
- statsmodels：统计建模与计量经济学相关第三方库。
- AWS Data Wrangler：AWS 平台上的 Pandas 第三方库。
- Colour：色彩理论转换与算法相关第三方库。
- NIPY：神经影响学第三方库。
- ObsPy：地震学相关第三方库。
- SimPy：离散事件模拟相关第三方库。

12.2.2　数据可视化第三方库简介

- Matplotlib：提供了一百多种 2D 数据可视化绘图的第三方库。
- Seaborn：基于 Matplotlib 进行统计数据可视化绘图的第三方库。
- VTK：三维可视化绘图第三方库。
- Mayavi：基于 VTK 的快速三维可视化绘图第三方库。
- bokeh：交互式 web 绘图第三方库。
- plotly：功能强大图表类型丰富的可交互的绘图第三方库。
- pyecharts：生成 Echarts 图表的第三方库。
- PyQtGraph：可交互缩放平移的图表绘制第三方库。
- VisPy：支持 3D、大数据的交互式可视化第三方库。
- bqplot：Jupyter Notebook 的交互式绘图第三方库。
- Cartopy：气象领域绘图第三方库。
- Dash：创建分析 web 程序用户界面第三方库。

- diagrams：架构图绘制第三方库。
- plotnine：基于 ggplot2 的 Python 数据可视化第三方库。
- PyGraphviz：基于 Graphviz 的 Python 数据可视化第三方库。

12.2.3　NumPy、Pandas 和 Matplotlib 简单实例

NumPy、Pandas 和 Matplotlib 在应用中使用频率非常高，网络相关资源及相关图书资料也非常丰富，受限于篇幅，本书仅做简单介绍，感兴趣的读者可以自行深入学习。本节对开发环境 Anaconda 做一个简单介绍，并通过简单实例让读者对这三个第三方库的使用有一个初步的了解。读者请注意：本节部分实例代码截图有延续性，可能需要用到本节对应部分的前序代码。

1. Anaconda 简介

Python 开发环境非常多，常见的包括 Pycharm、Jupyter Notebook、Visual Studio Code、Selenium、Miniconda 和 Anaconda 等。Anaconda 是基于 conda 的 Python 数据科学与机器学习常见的开发环境，自带 Numpy、Pandas、matplotlib 等大多数主流的 Python 第三方库。对于数据科学与机器学习的应用而言，免去了相关第三方库的安装，缺点是体积过大。为了避免功能冗余，可以考虑使用 Miniconda。当然也可以选择通原生 python+pip+venv，去构建自己的开发环境。

2. NumPy 简单实例

Numpy 之所以能被高频使用，主要得益于其能高效处理数组。N 维数组对象 ndarray 是一个灵活快速的大数据集容器。下面仅通过几个简单实例介绍通过 ndarray 完成创建、运算、切片与索引和矩阵内积计算等基本操作。

①创建实例代码如图 12.1 和图 12.2 所示。

```
In [179]:   import numpy as np

In [180]:   data = np.random.randn(3, 4)

In [181]:   data
Out[181]:   array([[ 0.22612503, -0.17831215,  1.56290908,  0.04794744],
                   [ 0.3588684 , -0.99499677, -1.00427819, -1.0557452 ],
                   [-1.34009052,  0.1370707 ,  2.03545415,  1.14496321]])

In [182]:   data1 = [6, 7.5, 8, 0, 1]

In [183]:   arr1 = np.array(data1)

In [184]:   arr1
Out[184]:   array([6. , 7.5, 8. , 0. , 1. ])

In [185]:   data2 = [[1, 2, 3, 4], [5, 6, 7, 8]]

In [186]:   arr2 = np.array(data2)

In [187]:   arr2
Out[187]:   array([[1, 2, 3, 4],
                   [5, 6, 7, 8]])
```

图 12.1　创建实例代码 1

```
In  [188]:   np.zeros(10)

Out[188]:   array([0., 0., 0., 0., 0., 0., 0., 0., 0., 0.])

In  [189]:   np.zeros((4, 5))

Out[189]:   array([[0., 0., 0., 0., 0.],
                   [0., 0., 0., 0., 0.],
                   [0., 0., 0., 0., 0.],
                   [0., 0., 0., 0., 0.]])

In  [190]:   arr=np.arange(15)

In  [191]:   arr1 = np.array([1, 2, 3], dtype=np.float64)

In  [192]:   arr1

Out[192]:   array([1., 2., 3.])

In  [193]:   arr2 = np.array([1, 2, 3], dtype=np.int32)

In  [194]:   arr2

Out[194]:   array([1, 2, 3])
```

图 12.2　创建实例代码 2

②运算实例代码如图 12.3 所示。

```
In  [195]:   data * 10

Out[195]:   array([[  2.26125025,  -1.78312147,  15.62909084,   0.47947443],
                   [  3.58868405,  -9.94996766, -10.04278186, -10.55745196],
                   [-13.40090516,   1.37070703,  20.35454154,  11.44963206]])

In  [196]:   data + data

Out[196]:   array([[ 0.45225005, -0.35662429,  3.12581817,  0.09589489],
                   [ 0.71773681, -1.98999353, -2.00855637, -2.11149039],
                   [-2.68018103,  0.27414141,  4.07090831,  2.28992641]])

In  [197]:   arr3 = np.array([3.7, -1.2, -2.6, 0.5, 12.9, 10.1])

In  [198]:   arr3 * arr3

Out[198]:   array([ 13.69,   1.44,   6.76,   0.25, 166.41, 102.01])

In  [199]:   1 / arr3

Out[199]:   array([ 0.27027027, -0.83333333, -0.38461538,  2.        ,  0.07751938,
                    0.0990099 ])

In  [200]:   arr2 * 0.5

Out[200]:   array([0.5, 1. , 1.5])
```

图 12.3　运算实例代码

③切片与索引实例代码如图 12.4 和图 12.5 所示。

```
In  [201]:   arr=np.arange(15)

In  [202]:   arr[5]
Out[202]: 5

In  [203]:   arr[5:8]
Out[203]: array([5, 6, 7])

In  [204]:   arr[5:8] = 12

In  [205]:   arr
Out[205]: array([ 0,  1,  2,  3,  4, 12, 12, 12,  8,  9, 10, 11, 12, 13, 14])

In  [206]:   arr_slice = arr[5:8]

In  [207]:   arr_slice
Out[207]: array([12, 12, 12])

In  [208]:   arr_slice[1] = 12345

In  [209]:   arr
Out[209]: array([    0,     1,     2,     3,     4,    12, 12345,    12,     8,
               9,    10,    11,    12,    13,    14])
```

图 12.4　切片与索引实例代码 1

```
In  [219]:   arr_slice[:] = 32

In  [220]:   arr
Out[220]: array([ 0,  1,  2,  3,  4, 32, 32, 32,  8,  9, 10, 11, 12, 13, 14])

In  [221]:   arr2d = np.array([[1, 2, 3], [4, 5, 6], [7, 8, 9]])

In  [222]:   arr2d[2]
Out[222]: array([7, 8, 9])

In  [223]:   arr2d[0][2]
Out[223]: 3

In  [224]:   arr3d = np.array([[[1, 2, 3], [4, 5, 6]], [[7, 8, 9], [10, 11, 12]]])

In  [225]:   arr3d
Out[225]: array([[[ 1,  2,  3],
                  [ 4,  5,  6]],

                 [[ 7,  8,  9],
                  [10, 11, 12]]])

In  [226]:   arr3d[0]
Out[226]: array([[1, 2, 3],
                 [4, 5, 6]])
```

图 12.5　切片与索引实例代码 2

④计算矩阵内积实例代码如图 12.6 所示。

```
In [231]:   arr = np.random.randn(5, 4)

In [232]:   arr
Out[232]: array([[-0.34592105,  0.94706444,  1.03952701,  1.7030426 ],
                  [ 1.01674555,  0.43809175,  1.31842066, -0.06064131],
                  [ 0.1394815 , -0.89611304,  0.56297497, -2.22886541],
                  [-0.86876038, -0.60898387,  0.30012493, -1.15927017],
                  [ 0.54804333, -0.20421293,  1.52711233, -2.13888116]])

In [233]:   arr.T
Out[233]: array([[-0.34592105,  1.01674555,  0.1394815 , -0.86876038,  0.54804333],
                  [ 0.94706444,  0.43809175, -0.89611304, -0.60898387, -0.20421293],
                  [ 1.03952701,  1.31842066,  0.56297497,  0.30012493,  1.52711233],
                  [ 1.7030426 , -0.06064131, -2.22886541, -1.15927017, -2.13888116]])

In [234]:   np.dot(arr.T, arr)
Out[234]: array([[ 2.22798406,  0.40997064,  1.63561574, -1.12673213],
                  [ 0.40997064,  2.30443829,  0.56297173,  4.72640402],
                  [ 1.63561574,  0.56297173,  5.55793733, -3.1786251 ],
                  [-1.12673213,  4.72640402, -3.1786251 , 13.79059241]])
```

图 12.6　计算矩阵内积实例

3. Pandas 简单实例

与 Numpy 更适合处理统一的数值数据不同，Pandas 是专门为了处理表格和混杂数据而设计的。Pandas 中的两个主要数据结构是 Series 和 DataFrame。其中 Series 是一种相当于一维数组的结构，他由一组数据以及一组与之相关的标签或者说是索引所组成，也可以将 series 当作是一个定长的有序字典；而 DataFrame 是一种表格型的数据结构，其包含一组有序的列，每列可以是不同的数据类型，DataFrame 既有行索引又有列索引。下面仅通过几个简单实例介绍 Series 和 DataFrame 的创建。

① Series 创建实例代码如图 12.7 和图 12.8 所示。

```
In [9]:    import pandas as pd

In [10]:   obj = pd.Series([15, 26, -14, 17])

In [11]:   obj
Out[11]:  0    15
          1    26
          2   -14
          3    17
          dtype: int64

In [12]:   obj.values
Out[12]:  array([ 15,  26, -14,  17], dtype=int64)

In [13]:   obj.index
Out[13]:  RangeIndex(start=0, stop=4, step=1)

In [14]:   obj1 = pd.Series([11, 26, 17, 14], index=['a', 'b', 'c', 'd'])

In [15]:   obj1
Out[15]:  a    11
          b    26
          c    17
          d    14
          dtype: int64
```

图 12.7　Series 创建实例代码 1

```
In [16]:    data = {'ab': 5600, 'bc': 6100, 'cd': 7500, 'de': 6000}

In [17]:    obj2 = pd.Series(data)

In [18]:    obj2

Out[18]:    ab    5600
            bc    6100
            cd    7500
            de    6000
            dtype: int64

In [19]:    st = ['abc', 'bcd', 'cde', 'def']

In [20]:    obj3 = pd.Series(data, index=st)

In [24]:    obj3

Out[24]:    abc    NaN
            bcd    NaN
            cde    NaN
            def    NaN
            dtype: float64
```

图 12.8　Series 创建实例代码 2

② DataFrame 创建实例代码如图 12.9 和图 12.10 所示。

```
In [49]:    import numpy as np

In [50]:    frame = pd.DataFrame(np.arange(9,18).reshape((3, 3)),
            ....: index=['ab', 'bc', 'cd'],
            ....: columns=['abab', 'bcbc', 'cdcd'])

In [51]:    frame

Out[51]:
                abab  bcbc  cdcd
            ab    9    10    11
            bc   12    13    14
            cd   15    16    17

In [52]:    frame1 = frame.reindex(['ab', 'bc', 'cd', 'de'])

In [53]:    frame1

Out[53]:
                abab   bcbc   cdcd
            ab   9.0   10.0   11.0
            bc  12.0   13.0   14.0
            cd  15.0   16.0   17.0
            de  NaN    NaN    NaN
```

图 12.9　DataFrame 创建实例代码 1

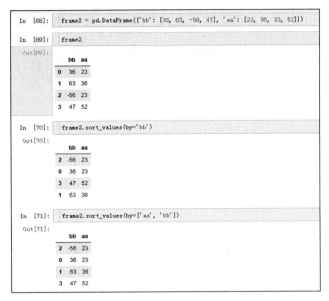

图 12.10　DataFrame 创建实例代码 2

4. Matplotlib 简单实例

Matplotlib 是一种 Python 的 2D 绘图第三方库，其以跨平台和绘图种类丰富而深受喜爱。开发者仅需简单几行代码，就可以生成直方图、条形图、散点图等种类丰富的绘图，并且支持将绘图导出保存为 PDF、SVG、JPG、PNG、BMP、GIF 等格式的文件。Matplotlib 功能比较完善，可以对绘图的 X 轴、Y 轴、线型、绘图种类及图名和刻度等进行设置，感兴趣的读者可以参考官方文档或相关资料。下面仅通过几个简单实例，介绍 Matplotlib 绘图实例及绘图导出保存实例。

① Matplotlib 绘图实例如图 12.11~ 图 12.13 所示。

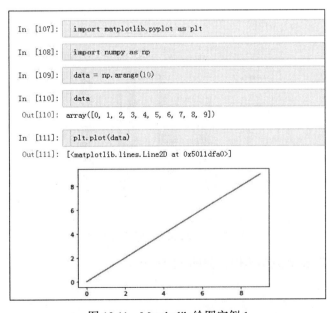

图 12.11　Matplotlib 绘图实例 1

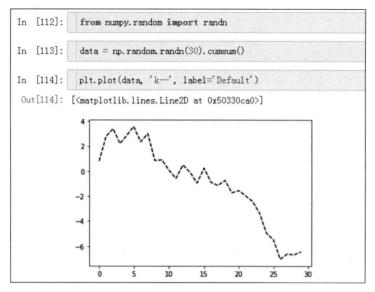

图 12.12   Matplotlib 绘图实例 2

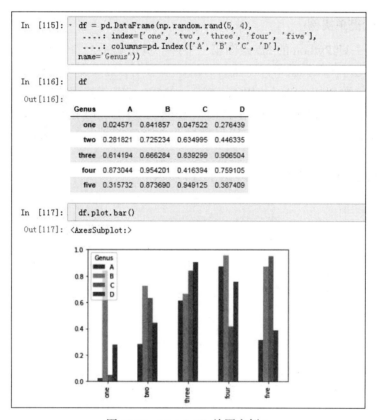

图 12.13   Matplotlib 绘图实例 3

② Matplotlib 绘图导出保存实例，如图 12.14 所示。

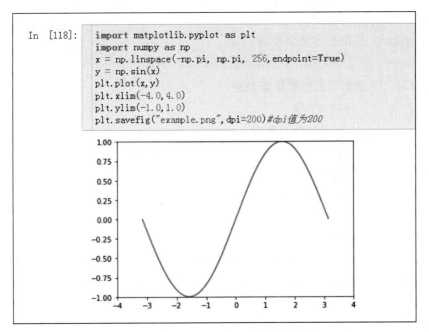

```
In [118]:  import matplotlib.pyplot as plt
           import numpy as np
           x = np.linspace(-np.pi, np.pi, 256,endpoint=True)
           y = np.sin(x)
           plt.plot(x,y)
           plt.xlim(-4.0,4.0)
           plt.ylim(-1.0,1.0)
           plt.savefig("example.png",dpi=200)#dpi值为200
```

图 12.14　Matplotlib 绘图导出保存实例

12.3　其他第三方库简介

本节主要从常见应用的维度，简单介绍文档处理、网络爬虫、机器学习、深度学习及自然语言处理、用户交互与 Web 开发、图形绘制与图像处理以及游戏开发六个应用领域的 Python 第三方库。对其他数量众多且功能较为完善的解决不同领域应用问题的第三方库，读者可以根据应用需要自行查阅安装使用。

1. 文档处理

（1）XlsxWriter：操作 Excel 文档。

（2）win32com：Windows 系统操作、Office 相关文档读写等。

（3）pdfminer：从 PDF 文档中提取并分析 PDF 的文本数据。

（4）PyPDF2：可合并、分割和转换 PDF。

（5）openpyxl：可读写并处理 xls、xlsx、xlsm 等 Excel 相关文档。

（6）python-docx：可读写并处理 doc、docx 等 Word 相关文档。

2. 网络爬虫

（1）requests：支持丰富多样的链接访问。

（2）PySpider：便捷灵活的优秀爬虫框架。

（3）bs4-beautifulsoup4：处理和解析 HTML 与 XML。

（4）Scrapy：提取结构化数据的最流行的爬虫框架之一。

（5）Crawley：能高效爬取网站关系与非关系数据库内容。

（6）Portia：支持可视化爬取。

（7）cola：分布式爬虫框架。

（8）newspaper：提取并分析新闻等内容。

（9）lxml-lxml：支持 HTML 与 xml 解析的第三方库。

3. 机器学习、深度学习及自然语言处理

（1）Crab：推荐系统第三方库。

（2）NuPIC：功能丰富的智能计算第三方库。

（3）pattern：支持网络挖掘、自然语言处理等的第三方库。

（4）PyBrain：支持神经网络算法的第三方库。

（5）Pylearn2：基于 Theano 的机器学习第三方库。

（6）python-recsys：实现推荐系统的第三方库。

（7）gym：开发和比较强化学习算法的第三方库。

（8）xgboost：优化的分布式梯度增强第三方库。

（9）TensorFlow：不仅限于神经网络算法的机器学习第三方库。

（10）Pytorch：应用领域众多的机器学习第三方库。

（11）Keras：支持人工神经网络的深度学习第三方库。

（12）Caffe：计算机视觉及图像识别等的深度学习第三方库。

（13）Theano：可执行大规模神经网络算法的深度学习第三方库。

（14）Scikit-learn：深度学习不可或缺的第三方库。

（15）NLTK：最常用的自然语言处理第三方库。

（16）gensim：文本主题识别的第三方库。

（17）jieba：中文分词第三方库。

（18）SnowNLP：中文文本处理第三方库。

（19）TextGrocery：简单高效的短文本分类第三方库。

（20）thulac：中文词法分析第三方库。

（21）polyglot：支持数百种语言的自然语言处理管道。

（22）pytext：基于 PyTorch 的自然语言处理框架。

（23）PyTorch-NLP：支持快速原型的自然语言处理第三方库。

（24）spacy：工业级应用的自然语言处理第三方库。

（25）Stanza：目前支持 60 多种语言的自然语言处理第三方库。

（26）funNLP：中文自然语言处理的第三方库（含工具与数据集）。

（27）pkuseg-python：可对不同领域进行高准确度中文分词。

4. 用户交互与 Web 开发

（1）enaml：可创建美观的用户界面。

（2）kivy：可创建多平台下的自然用户交互应用程序。

（3）PyQt5：跨平台商业级应用框架，适合大型应用。

（4）Tkinter：简单实用的图形界面工具。

（5）urwid：可创建终端 GUI 应用的第三方库。

（6）Flexx：可创建 Web 界面展示的 GUI 应用的第三方库。

（7）DearPyGui：可使用 GPU 加速的简单 GUI 应用的第三方库。

（8）Pyramid：简单快速、小巧灵活的 Web 开发框架。

（9）Flask：简单方便的轻量级 Web 开发框架。

（10）Django：最流行的高效快速的 Web 开发框架，采用 MTV 模式。

5. 图形绘制与图像处理

（1）pillow：更加易用版的 PIL（Python 图像处理库）。

（2）hmap：直方图。

（3）imgSeek：对图片集合进行视觉相似性搜索。

（4）python-barcode：条形码生成。

（5）pygram：图像滤镜。

（6）python-qrcode：二维码生成。

（7）scikit-image：图像处理。

（8）face_recognition：简易的人脸识别。

（9）pagan：复古风图标或头像生成。

（10）pywal：由图像生成配色方案。

（11）pyvips：快速且低内存消耗的图像处理。

（12）OpenCV-Python：计算机视觉处理。

（13）SimpleCV：计算机视觉处理。

6. 游戏开发

（1）Cocos2d：开发 2D 游戏与图形交互应用的框架。

（2）Panda3D：跨平台的 3D 游戏引擎。

（3）Pygame：入门级的 Python 游戏开发框架。

（4）PyOgre：Ogre 3D 渲染引擎，可进行游戏开发和程序仿真等 3D 应用。

（5）PyOpenGL：OpenGL 及相关接口。

（6）PySDL2：SDL2 库的封装。

（7）RenPy：视觉小说（visual novel）引擎。

（8）Arcade：可制作有引人入胜的声音和图形的游戏。

（9）Harfang3D：支持 3D、VR 和游戏开发的框架。

小　　结

　　本章对常用的 Python 标准库和 Python 第三库进行了简单的罗列介绍，以期能管中窥豹，了解强大的 Python 计算生态。通过对常用标准库的介绍，大致了解哪些功能是不需要安装即可直接导入使用。通过对科学计算、数据分析与处理及数据可视化相关第三方库的介绍，初步了解 Numpy、Pandas 和 Matplotlib 的简单应用。通过对文档处理、网络爬虫、机器学习、深度学习及自然语言处理、用户交互与 Web 开发、图形绘制与图像处理以及游戏开发六个应用领域的相关 Python 第三方库进行简单罗列，对 Python 第三方库有一个初步的了解。希望读者准确理解功能强大的 Python 计算生态和 Python 共享、开源和通用的特性，并能根据应用需要，合理选择相关标准库或相关第三库。

▌习　题

1. 简述什么是 Python 计算生态。
2. 简述什么是 Python 标准库并罗列 10 种以上常用的 Python 标准库。
3. 简述什么是 Python 第三方库并罗列 10 种以上常用的 Python 第三方库。

参 考 文 献

[1] 王恺, 王志, 李涛, 等 .Python 语言程序设计 [M]. 北京: 机械工业出版社, 2019.

[2] 嵩天, 礼欣, 黄天羽 . Python 语言程序设计基础 [M]. 2 版 . 北京: 高等教育出版社, 2021.

[3] 董付国 .Python 程序设计基础 [M]. 2 版 . 北京: 清华大学出版社, 2021.

[4] 叶君耀, 王素丽, 李慧颖 . 计算思维与信息技术导论 [M]. 北京: 北京邮电大学出版社, 2022.

[5] 胡声丹, 时书剑 . 计算机应用基础 [M]. 3 版 . 北京: 中国铁道出版社有限公司, 2019.

[6] 彭如宽, 黎卫文 . 大学计算机基础 [M]. 长沙: 国防科技大学出版社, 2013.

[7] 杨杰, 谭道军, 刘小兵 .Python 程序设计: 微课版 [M]. 成都: 电子科技大学出版社, 2021.